あなたを守りたい
～3・11と母子避難～
海南友子

子どもの未来社*ブックレット*
No.002

まえがき

２０１１年の春、私は絶対に忘れない。

大地震と津波、そして制御不能になった原発。人生で初めて経験する喪失感で、仕事が手に付かなかった。それまで、私は3年かけてツバルなど地球温暖化で沈みゆく島々を回り、島の人々のかけがえのない暮らしを取材していた。しかし、東北で目にしたのは一瞬ですべてを奪い去る現実。苦しくてたまらなかった。

２０１１年の春、私は気がついた。

地震によりすべてが滞り果てた東京で、本当の心臓が東北にあったと思い知らされた。4月12日、東京電力福島第一原発から4キロの大熊町にいた。福島では、原発賛成の人も反対の人も、等しくすべてを奪われていた。出会った中には、自宅を追われながらも、原発の制御のために命がけで作業に通う人もいた。彼らだけが苦しむのは理不尽だ。本当にそれを享受してきたのは私ではないのか？　人気のなくなった町で、寂しくほころぶ桜の蕾を見上げながら思った。

桜の名所・夜の森公園（福島県双葉郡富岡町）
見る人のない桜が花を咲かせていた

そして、2011年の春、私は新しい命を授かった。40歳の初産だ。未曾有の危機に見舞われた日本で、福島取材を続ける私を母に選んで生まれようとしている命。とても大きな未来を託されたと思った。

妊娠出産を経て、自分の中の大きな変化は、この時代に母として生きることの意味の再確認だった。出産後、全国各地の母たちの声を取材した。北は北海道、南は沖縄まで。取材は40家族におよんだ。とにかく、この平和だったはずの日本で、たくさんの母と子の運命が変わってしまったことを何度も噛み締めて、泣きながら話を聞いた。それは、個々人の体験でありながら、ポスト3・11を生きるすべての母と子に共通する苦しみだった。

この苦しみの果てに、私たちはどんな未来を描くことができるのか?
大いなる力に私たちは試されている。

母たちの決断①

乳飲み子をかかえて

小林かおりさん（家族：夫・本人・子（0歳）／福島県から沖縄県に移住）

＊子どもの年齢は2011年3月11日当時です。

福島で子どもを出産した二日後に、東日本大震災に見舞われた小林かおりさん。子どもが生まれた喜びに浸る間もなく、不安の中で子育てをすることになった。悩みながら、一歩一歩決断を続けた2年間。生まれたばかりの乳飲み子をかかえた彼女が、どんな思いで3・11後をすごしたのか。

産院で迎えた3・11

「初めての子どもを産んで二日後に3・11の地震。子どもを産んで『はあ〜』ってなってるところに、地震がきちゃって、友達がお見舞いに来る予定とかいろいろ楽しみだったんですけど、全部ふっとんじゃって。なんか、幸せに浸る間もなく、不安が押し寄せて来て……」

小林かおりさんが初めての子どもを出産したのは、2011年3月9日。その二日後に東日本大震災が起きた。福島県内の病院で、その瞬間、かおりさんは、看護師さんと一緒に授乳の練習をしていた。生まれたばかりの慈生《いつき》くんにおっぱいを吸わせようと、右に抱いたり左に抱いたり。そのとき携帯電話の警告音がなった。

「ビビビビビビー！！！！」

相部屋の新米産婦3人と目を合わせた瞬間、ガーっとものすごい揺れが起きた。乳児を乗せる小さなベッド3台は、部屋の端から端まで勢いよく滑り、がんがんと壁にぶつかって酷い音を立てていた。かおりさんは思った。

（よかった……息子を抱っこしていて。ベッドにいたら息子はどうなっていたんだろう？）

ぎゅっと息子を抱きしめながら、ふと目を窓の外にやる。電柱が信じられないほど大きく大きく揺れていた。すぐによぎったのは夫のこと。夫は電柱に登って光ケーブルをつなぐ仕事をしていた。もし、電柱の上で地震にあっていたら振り落とされているのではないか？　心配で心配でたまらず、息子を抱いたまま電話をかけ続けた。しかし、まったく繋がらない。もう死んでしまっているのではないか？　恐くて涙が止まらなくなった。どうしよう、どうしよう、どうしよう……。心配で心が張り裂けそうになっていたとき、夫からの電話。すぐに切れてしまったが、とにかく声が聞けて夫が生きていたこと、今度は安堵の涙が止まらなくなった。

夜になっても大きな余震が続いていた。病院の建物は比較的新しかったため倒壊の心配はなかったが、もしものときの緊急避難を考えて、妊産婦と新生児は全員、1階の待ち合い室で一緒にすごすことになった。

「停電の中で、待ち合い室に布団しいて、入院していた全員がそこで一晩。赤ちゃんは、あっちが泣いて、こっちが泣いて……。余震も、ものすごかったし、朝がくるまで本当に長くて長くて。なんか、もう、ね、すごかったなあ……。すごい恐ろしかったです」

翌日、断水と停電に見舞われた病院では何もできないということで、全員が退院させられることになった。体調が戻っていない不安に加えて、授乳の練習を少しした以外は、お風呂の入れ方も、ミルクの配合も、何もかもまったくわからない。新しい命をどうあつかっていいか学ぶ機会もないまま、かおりさんは乳飲み子といきなり、震災直後の恐怖に満ちた日常にほうりだされた。

不協和音・福島にいていいのか？

「原発のことをいつ聞いたのかわからないんですが、爆発したら１００キロ圏内は住めなくなるみたいなことを親戚から聞いて。一体自分がどうすればいいんだって思いはじめました。でも、とりあえず普通の生活に戻るのに精一杯で……」

かおりさんが、真剣に避難のことを考えはじめたのは、勤め先の社長夫妻から連絡が入るようになってからだ。かおりさんは福島市では名前の知られた洋菓子店「ハッピーベリー」で製造の仕事をしていた。マフィンやロールケーキが有名で、たまごや小麦粉等の素材にこだわった店だ。地震で店の中がぐちゃぐちゃになり、２ヶ月ほど休業状態になっていた。原発からは60キロ離れていたが、社長夫婦には営業再開について一抹の不安があった。

「事故から日にちが経てば経つほど、原発の状況は悪化してしまい、今まで小麦粉にもたまごにも気をつかってお菓子を製造してきたのに、放射能に汚染されてしまったらどうなるのか？　お客様に安全なものを提供できるのか？　従業員たちの生活をどうしたらいいのか？」

悩んだ社長夫婦は、万が一、原発の影響が長引くようなら、従業員ともども別の場所で商売することを視野に入れ新天地を探しはじめた。選んだ場所は、沖縄。急遽、夫妻は沖縄に店舗付きの小さな家を借り、福島の店が一時休業している間に新店舗の立ち上げに東奔西走していた。

かおりさんは、福島で安全な水や食料の確保もままならない中で育児に奮闘していた。沖縄で奔走している社長夫妻と電話で話すたびに、複雑な思いに駆られるようになった。

「テレビでね『放射能は大丈夫だ』って言われれば大丈夫って思っても、親身になってくれる社長さんたちと話すと、チェルノブイリのことを教えてくれたりして、乳飲み子がいるんだから、放射能からどう息子を守るかと考えだして『やっぱりダメだよな』って思ったり。心配しすぎて、おかしくなってきちゃって。そしたら、息子も母乳飲まなくなって。私がパニックになってるのを感じたんだと思うんです」

それまでかおりさんは、生まれ故郷の福島で、両親、おじいちゃん・おばあちゃんや、友達に囲まれて子育てするのが当たり前だと思っていた。でも、こうなってしまったら福島にはいられないんじゃないか……。その葛藤がぐるぐると渦巻くようになった。

その頃、夫の朋生《ともき》さんは、異常な毎日を送っていた。被災地で倒れた電柱をたてていた。その横で、自衛隊が遺体を探すため一列になって棒を刺している。時折そばを通る異臭のするトラック。荷台には命を落としたたくさんの人。まだ地震も続いていて、放射能もでていた。異常の中で、限界点ぎりぎりで働いていた。

だから、かおりさんの不安な気持ちを受け止める余裕はなかった。避難について真剣に考えはじめた妻と、被災地の現実の中で懸命に働く夫。二人の間には不協和音がたちはじめた。それまでほとんど喧嘩《けんか》をしなかった二人が、連日避難をめぐって大喧嘩するようになってしまった。

息子を連れて緊急避難

２０１１年5月、心配しているかおりさんの耳には嫌なニュースがどんどん入ってきた。福島だけでなく、東京や千葉などでも母乳からセシウムが出ていた。自分の母乳にも入っているのではないか？　恐ろしい気持ちになり、母乳をあげるのをやめた。

心配を打ち消したい一心で、勉強を始めたかおりさんは、たまたま参加した広瀬隆さんの放射能に関する講演会で、涙が止まらなくなった。

「〝せめて小さい子どもを逃がしましょう〟みたいなタイトルの講演会だったんですけど、なんか、これが現実なのかと思って。小さい子どものポスターに、放射性物質の種類が書かれていて、どれが目に影響が出る、生殖器に出る、甲状腺にとか描かれてて、それが全部、息子にかかってくるんだと思ったらすごい恐かったですね。これは絶対避難しないとダメだと思って」

講演会の後、夫との喧嘩は、前にも増して酷くなった。

災害派遣で疲れて帰ってきた夫は、妻から毎日「避難したい」とおなじ話を繰り返された。仕事はきつかったが、被災地で自分が必要とされている実感もあった。だから、仕事を辞めて福島を離れるという選択肢は、夫にはあえりえなかった。子どもが生まれたことで、仕事に対する責任感が強くなっていることもあった。だから、絶対に避難にうんとは言えない。

地震から3ヶ月経った6月。しびれを切らしたかおりさんは、一人で避難を決断した。

「沖縄に行く!」

夫の朋生さんはそのとき、

「まさか、かおりたちだけが行くとは思ってなかったんです。でも、〝この日に行く〟って言われて、『えぇー』って感じで。自分でも頭が整理できなくて」

夫にも、実家にも、夫の親にも反対されたまま、かおりさんは決断してしまった。母親として、子どもを被曝から守る責任があると思ったから。

2011年8月、空港に見送りにきてくれたおばあちゃんは泣いていた。どちらの家にとっても慈生くんは初孫。一番可愛い月齢のときに、離ればなれになるなんて……。たくさんの人に複雑な思いで見送られたが、かおりさんは振り返らないで進もうと決めた。そのとき慈生くんは、まだ5ヶ月。小さな命を抱いてかおりさんの沖縄での生活が始まった。

一緒じゃなきゃダメだ

朝7時。慈生くんの食事と着がえ、仕度を整えて保育園へ。そこから徒歩5分の仕事場で、マフィンやケーキの仕込みに入る。仕込みが終われば開店、そして、接客。救われたのは仕事があったことだ。避難者、移住者の悩みの多くは仕事がないこと。でも、かおりさんには手に職があり、さらに沖縄の店は立ち上げたばかり。福島での人気店を沖縄でも浸透させたいという使命感もあった。がむしゃらに働くことで、夫と離ればなれの寂しさを紛らわすことにもつながった。

仕事が終わって慈生くんを保育園にお迎えにいき、食事を作り、食べさせ、疲れきって一緒に床につく。夜中に何度も起きて慈生くんをあやす。そうしいてるうちにまた朝が来る。生後5ヶ月の子どもを一人で世話するということは、人には言えない苦労が伴う。どんなにぐずっても誰も助けてはくれない。泣き止まない息子を抱いて、一人、泣き叫びたい夜もあった。

かおりさんは夫に電話する度に「いつになったら来てくれるの？」と何度もぶつけた。朋生さんの答えはいつも一緒。「無理だ」。離れて暮らしているだけでも寂しいのに、喧嘩になってかおりさんの孤独感は日に日に増していった。

そのうち、慈生くんの体調が悪くなり入院することになった。重い病気ではなかったが、一人で働きながら子育てをしているかおりさんのそばで、慈生くんの我慢も限界に達していた。

入院の話を聞いた夫の朋生さんは、改めて考えた。

「初めての息子だし、妻とも好き同士だから結婚したんです。今まで一緒にいたのに離れて暮らして、何しているんだろうって。親のこと、仕事、福島の復興とか、気になることはたくさんあるけど、でも、自分が今守らなくちゃいけないのは、かおりと慈生じゃないのかって」

朋生さんが会社を辞める決断をしたのは、その少し後だ。

半年間、喧嘩し続けた二人は、もとのように二人で一緒に生活することを決断した。

「お互いに手の届くところで一緒にすごすのが一番だと思うんです。もし彼の仕事が見つからなかったら、私がもっと働いて、主人が子育てしている期間があってもいいんじゃないかって」

朋生さんが沖縄に来た日、慈生くんは空港で、ニコニコ、ニコニコ笑っていた。しばらく見ていなかった慈生くんの心からの笑顔。父親に甘えて笑い続ける息子を見ながら、かおりさんは思った。

「やっぱり、私たちは3人一緒じゃないとダメなんだ」

壊れかけた二人の絆を、慈生くんがつないでくれた。

愛しい人がいる場所

朋生さんは、移住後半年ほど、自治体の臨時職員をしていたが、その後、新しい仕事に就いた。かおりさんの働く店でお菓子の製造に挑戦することになった。社長夫婦が、大きな決断をした二人をささえたいと、ケーキ職人の修行を勧めてくれたのだ。

朝5時。一足早く仕事場に出勤した朋生さんは、手際よく粉を練り、クリームをホイップし、果物をたっぷり焼き込んだマフィンやロールケーキ作りにとりかかる。

1年前まで電柱を立てていた。180度の転身だ。でも、根気よく修行を続けるなかで、朋生さんの隠れていた才能が開花。社長からは、「朋生くんのほうがむいているかもしれない」とま

新しい生活に踏み出した小林さん一家

で、言われている。

「前の会社を辞める時点で、違う仕事に挑戦する、逆にチャンスなんじゃないかと思っていました。最初は大変でしたけど、今は楽しいです。それに自分の作ったお菓子を嬉しそうに買っていってくださる人がいる。これはこれでよかったんじゃないかと、思っています」

紆余曲折を経て、安定したかに見える二人だが、福島にいる家族との問題は残されている。

口には出さなくても、親たちが心の中にさまざまな思いをかかえていることは手に取るようにわかる。そのことで、親との関係がぎくしゃくしてしまうこともある。

どうすればいいのか、二人にはまだ、答えは見えていない。

「今はまだ帰るかどうかわかりません。本当は福島で慈生を育てたい気持ちはもちろんあります。それに、ずっと死ぬまで沖縄にいたいかっていうと、それもわかりません。ゆくゆく、福島が安心して住めるところになったっていわれたとき、どう思うか？　放射能は目に見えないし、除染しきれないところもきっとある。息子を外で遊ばせながら『土触っちゃダメだよ』って、それだったら、今は、遠く離れた地で育てた方がいいのかなって。まだ、迷っています」

かおりさんが避難してみて、今思うのは、親や兄弟、友達、愛しい人がたくさんいるからこそ福島が好きなんだということ。もし、好きな人たちがみんなで沖縄に来られたらいいのにと、本気で思うことがある。福島に帰りたい思いとおなじくらい、その気持ちは高まってきている。

その愛しい人たちとのつながりを原発事故が引き裂いた。別離を強いられた家族は、互いの本心を語れぬまま、苦しい日々を強いられている。

母たちの決断②

ゼロベクレルと闘う

Mさん（家族：夫・本人・子2人（共に小学校低学年）／福島県から東北地方を経て、西日本に移住）

＊子どもの年齢は2011年3月11日当時です。

Mさんは物腰の優しい笑顔の素敵な母だ。夫を東北に残し、子どもたちと避難している。避難先の公営住宅。部屋の片隅には自家製の梅干しや梅酒の瓶が並べられている。台所には畑からとったばかりの新鮮な野菜。何気ない家庭的な光景の一つ一つが実は、Mさんの凄まじい決意の表れだ。

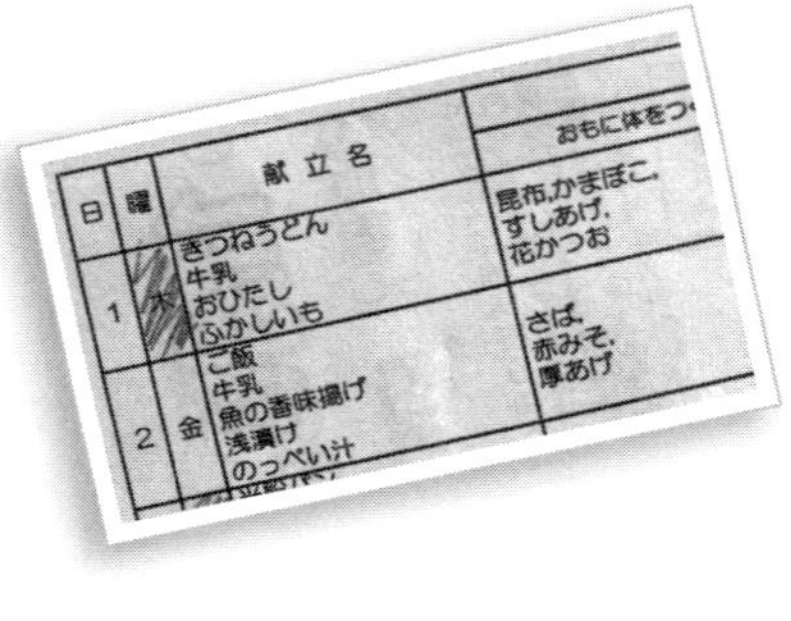

日	曜	献立名	おもに体をつ
1	木	きつねうどん 牛乳 おひたし ふかしいも	昆布,かまぼこ, すしあげ, 花かつお
2	金	ご飯 牛乳 魚の香味揚げ 浅漬け のっぺい汁	さば, 赤みそ, 厚あげ

ゼロベクレルを目指す

早朝5時半。朝もやの中、Mさんの自宅の台所から、おいしそうな匂いが漂っていた。野菜を切る音、煮炊きをする音、小気味いいリズムが響くその部屋は幸せで満たされていた。朝食の支度をする母の後ろ姿は、誰の心にも子ども時代の幸せな時間が思い起こされて、郷愁をさそう。

小学校低学年の子ども二人は、寝ぼけまなこで、Mさんにうながされゆっくりと朝の支度を始めたばかりだった。

台所の冷蔵庫には、給食の献立表。今日の日付のところには、ママカリの煮付けと、筑前煮、納豆、ご飯。Mさんは慎重に給食の献立を確認しながら、朝ご飯とお弁当を一緒に調理している。

「お弁当は給食のメニューにそったものを作ってます。材料も一つ一つ確認して。難しいときもあるんですけども、なるべく雰囲気はそれに近づけて。なんとなく学校の給食、こんな感じかなって、メニュー表を見ながらイメージして詰めるようにしてるんです」

この日の給食のメインであるママカリは、台所にはない。代わりにMさんが用意したのは厚揚げだ。魚の煮付けの形に似せて切り、煮汁のかわりに、おいしそうなゴマだれをかけていた。

「今日はお魚が手に入らなかったので。というか、あの、正直に言うと、最近は海の放射性物質がまだ心配なので、積極的に魚を買わないようにしているのもあるんです。どうしても給食とおなじとはいかないですが、子どももたちもだんだん慣れてきて、給食と違うことを嫌って言わなくなりました」

着がえが終わった子どもたちは、お箸をそろえ、ご飯をよそって、二人で朝ご飯を食べた。

「お母さんの料理、何が好き？」

上の子は、はにかみながら
「うーん。えっとね。全部かな？」

にっこりと微笑んで、支度に忙しい母の背中を見た。

朝食後、子どもたちは、お弁当のタッパーを一つずつ確認して蓋を閉めはじめた。

「ちょっとまって～」

Mさんが声をかける。献立表に書いてあった筑前煮に、さやいんげんを入れ忘れていたのだ。もう一度開いたタッパーに美しい緑色のさやえんどうが2切れずつ詰められた。

「行ってきまーーす!!」

無事、給食とかなり近いメニューのお弁当ができあがり、それを携えた子どもたちは、元気に玄関を出て行った。ほっとするMさん。

今、Mさんは一日の大半の時間を子どもたちの食のケアに費やしている。

「今は、広島・長崎のときの食事法っていうのかな? それを参考にして、玄米を食べたり、なるべく昔の食事に近いもの、味噌や梅干しなどの発酵食品を食べるように心がけています。免疫力を高めることが大切だと知ったからです。

西日本の食材は、安心して食べられると言われますけど、私は自分で確認できるものしか、子どもたちに食べさせたくないんです。だから、地元の方が作っている食材を追求して買いにいったり、近くで畑をお借りして自分で作ったりしています」

Mさんの目標はとにかく、ゼロベクレルだ。放射性物質を子どもたちに取り込ませないこと。所狭しと並べられた土のついた野菜や、梅干し等の大量の伝統的食料は彼女の決意の結晶なのだ。

免疫力を高める食事と、ゼロベクレル。厳しい目標を彼女がかかげることになったきっかけは、3・11の震災直後にさかのぼる。

逃げるべきか？　逃げられるのか？

Mさんは東北出身で、3・11のときには夫の仕事の関係で福島県の内陸部に住んでいた。実は、幼稚園のとき、1978年の宮城県沖地震を経験している。だから、3・11が起きたときも、怖かったけれど、落ち着けば大丈夫だと信じていた。二人の子どもの無事を確認したあと、沿岸部で津波が起きていることを知った。そして、たまたま車載のテレビを見た近隣の人から「なんか原発が大変なことになってるらしいよ」と、偶然聞くことになった。

「ちょうどその少し前に、鎌仲ひとみ監督の映画『ミツバチの羽音と地球の回転』を観ていたんです。子どもたちを屋内に入れてどうしようかと思っているときに、たまたま仙台の知り合いと連絡がとれて、原発が大変なことになっているから、逃げた方がいいのでは？と言われたんです」

自宅は断水になり、備蓄の水と食料でしのいでいた。夫は災害対策の仕事で不在。情報があまりない中で携帯で情報を確かめながら考え続けた。逃げるべきか？　逃げざるべきか？　逃げるとしたらと考えはじめたとき、問題があった。車には20ℓしかガソリンがなかった。なぜ、地震の直後にすぐに入れなかったのかと自分をせめた。とりあえず逃げるのをあきらめて、家の中の穴という穴を、塞《ふさ》げるところはすべて塞ぎ、子どもたちは外には一切出さないようにした。

「とにかく原発が爆発したらまずいよな、でもどうしたらいいかわからない。3月15日には危険を察して、お友達に電話したんです。そしたら、もう昨夜のうちに一家で逃げたって聞いて。他にも西日本出身の方は、親が心配してるから帰るねって言って、食料置いていってくれたりして……私も、急に心配になりました」

Mさんも、いよいよ逃げなければと考え、3月15日の夕方、荷物と食料を持って宮城に避難することにした。しかし、車には20ℓしかガソリンがない。福島から宮城まで20ℓではおぼつかない上、もし、渋滞にはまってしまったらどうにもならない。一人であせっていたとき、ふと、夫が軽自動車をおいていったことを思い出した。ガソリンは満タンだった。次なる問題はマニュアル車だということだ。

「一応、マニュアル車の免許は持っていました。でも、いつも乗っていないからすごく焦ってエンジンのかけ方がわからなくなって。動かない、動かないって言ってるうちに、雨が降ってきちゃったんです。で『この雨にあたっちゃいけない』って、原爆のときの黒い雨を思い出して、ああもう終わりだって、なんかわからないけどあきらめてしまって。とりあえず外に出ない方がいいと思って、また家に戻ったんです」

雪の中で

翌、3月16日。

雪が降っていた。昨日の雨は、夜半から雪に変わっていた。

家の中の食料は、段々心細くなっていた。外に出なければ、食料も買えない。

山形に出るか、宮城に行くか？　マニュアル車が止まったらどうしよう。雪にはまったら？

とにかくやっぱりここにいてはいけない、とMさんはもう一度、避難を決意した。

結局、満タンのマニュアル車で宮城を目指すことにした。途中でガソリンがなくなることは死を意味するからだ。出るなら夜の方が渋滞にまきこまれなくてよい。3月16日の夜、雪が降る中を、彼女はスキーウエアを着て逃げる準備を始めた。宮城の方は灯油がないはずだ、ガスボンベとガスコンロも必要だと、あれこれと積んでいるうちに、かなり長い時間が経っていた。とにかく子どもたちは濡らしちゃいけない。温かい格好させて、マスクは絶対に外しちゃだめだと言い聞かせ、肌が見えないように手袋をさせた。

車が出発したのは夜の9時。雪の降り積もった道を、ひたすら北へ逃げ続けた。

実はMさんが宮城に向かって走っていった道は、のちに高い線量だったと判明する場所が含まれていた。車の中は完全に密閉できる環境ではない。Mさんは殺気立った顔で、マスクを外すなと言い聞かせていたため、子どもたちは必死にマスクをしていたが、時折、苦しいからとマスクを外したがった。車は完全に密封することは不可能だ。暗闇の中、子どもたちがマスクを外さないように、Mさんは必死で逃げ続けた。線量が高かったことを知るのは後になってからだった。

「後悔っていうか、なんでそんとき出ちゃったのかなって、結局私の判断が間違っていたんです。あんな雪の中、きっと放射性物質が降り注いでいましたよね。そのときは知識がなかったので、しばらくして放射能のことを調べていくうちに、あのとき出たのは判断間違っていたのではないかと、だいぶ思いましたよね。なんでもっとはやく出なかったんだろう、とか。ガソリンがあったら行けたのかなとかって、なんでそんなことさせちゃったんだろうって」

雪の中、命がけで避難したことが、間違っていたのではないか?

Mさんは今も自分を攻め続けている。

検診結果

自分と子どもたちが高い線量の中を3月16日に移動してしまったことがはっきりした段階で、Mさんは子どもたちにこれ以上、放射性物質を取り込ませないと決意した。自宅での食材はもちろん、学校給食についても考えはじめた。近年、盛んになっていた地産地消の影響もあり、3・11後も、地元の食材を食べさせることが一般的だった。

Mさんは、一時避難した東北のある町で、子どもたちが通いはじめた小学校にかけあって、弁当持参の許可を求めた。

「お母さんそこまでしますかって、先生に言われました。牛乳をやめるお子さんはいますけど、そこまでしますかって。でも、福島県から避難してきているということで、先生もいろいろ考えてくださって、食物アレルギーの子どもとおなじ考え方を適用して、お弁当でいいですよって」

給食の問題に取り組むかたわらで、Mさんは、東北各地の放射線量をもう一度確認してみた。するとMさんと子どもたちが一時避難していた場所も、年間1ミリシーベルト(※一般人が1年間に浴びていいとされる許容量)の基準値を前後していることがわかった。

「あれ？　ここにいて大丈夫なのかな？　ここも安全ではないのではないか？」

このときから、Mさんはさらに遠くへの移住を考えはじめた。

もちろん夫は反対。夫の仕事柄、一緒に引っ越すことは不可能だからだ。そのことで夫と言い争う毎日が続いた。放射性物質の危険性について書かれた本を買ってくると、すぐに夫が反対の立場の本を買ってくるような日々だった。

そこで、なんとか不安を打ち消したいと、十年来の付き合いのある医師に、子どもたちの健康診断を依頼することにした。

先生は、「そんなに過剰に考えなくても大丈夫だよ」と、快く検査を請け負ってくれた。

ところが、検査結果を聞きにいったときのことだ。

「なんでもお話できる親身になってくれる先生なんですよ。でも、その日はどよーんと落ち込んでるように見えたんです。なかなか言葉が出てこない。専門用語はわからなかったんですけど、先生の表情とかから、ああ、いい結果ではなくて悪いことなんだよねって。だから先生に、チェルノブイリのときは子どもの甲状腺がんなどがあったけど、そうなるんですかって質問したら『いや、それは良くない結果が出た中から、さらに宝くじをひくようなもんだから』って言われて、全然わからないんだよと言われたのだけど、でも……。

ショックでしたよ。えー、まさかって。事実なんだけど、事実を受け止められないというか。うん」

夫も、その医師を信頼していた。だから「先生が言うんだったら、そうなのかもしれない」と。

そして、夫婦は話し合いの末、夫は家族のために東北に残って働き、妻と子どもたちは西日本へ避難することになった。

西日本の天候に恵まれた自然豊かな地域で子どもたちが通う学校は、田園風景のなかにある素敵な小学校だ。しかし、実は生徒の3分の1が東日本からの移住者だ。

今、移住仲間の中で、Mさんは子育てを続けている。

最初、西日本に引っ越してきてまで、学校給食を食べさせないことには、さまざまな軋轢があった。地元の人と何度も話し合い、お互いにどうわかり合えるかを調整しながら進んできた。

夫との別離生活は、寂しいながらも安定してきている。

一つだけ良かったことは、子どもたちが精神的に大人になってきていることだ。

「お父さんがいないけど、その分、皆で助け合ってやろうねって三人でやってます。上の子は学校の行事とかで夜に私が出かけると、夕飯のお茶碗を洗って（笑）くれるようになりました。一応気をつかってるんですね。子どもたちも、それなりに頑張ってるのかなって気がします」

今のところ、子どもたちはすこぶる健康で、目立った変化はない。

小児科医の言った通り、直後に放射性物質を少し取り込んだといっても、重篤な病気になる確率は極めて低く、本当に宝くじのようなことなのだろう。

母の決意が込められたお弁当

それでもMさんは、今後も今の食生活を続けるつもりだ。子どもたちをこれ以上、被曝させせない。それが、あの雪の日に、自分がしてしまったことに対する決意なのだ。
「人からは、押しつけに見えるかもしれないけど、母親が一生懸命やってる姿を見れば、子どもは何かを感じ取るものだと思うんです。たとえそのとき、みんなとおなじ給食を食べられなくても、それが嫌だったなっていう思い出より、『あのとき、お母さん、僕たちのためにすごく必死にやってくれたんだ』っていう思いの方が大きくなってくれるといいなと信じて、がんばっています」

コラム　避難母子をささえる①

ほっこり通信 from Kyoto

その紙面には丁寧な文字で、避難や移住についてのさまざまな情報がびっしりと詰まっていた。

『ほっこり通信　from Kyoto』と名付けられたその冊子。初めて見たのは放射能を考える小さな集会だった。今どきのデザイン性の高いおしゃれなリーフレットとはちょっと違うけれど、冊子全体から温もりが伝わってくる優しい雰囲気。福島第一原発事故による放射線の不安をかかえる被災地に向けて、京都にすむ母親たちが、京都での避難情報等を集めたフリーペーパーだ。

丁寧な取材内容には信頼が厚く、この冊子を頼りに京都に移住したという母たちも少なくない。

◆

――ずいぶんたくさん発行しているんですね？

皆川由起さん（以下、皆川）　ほっこり通信が立ち上がったのは、2011年7月なんですけど、第1号は2600部を印刷して、福島県、宮城県、茨城県などへ発送しました。

第2号はその年の11月に。こんどは倍のページ数にして、およそ5000部を。そして2012年5月に出した3号は、さらにページをふやして20ページに。初回8000部印刷しまして、福島県などに発送しています。

関西と東北はそれほど密なつながりがあるわけではないので、たとえば私は宮城県の出身なのですが、スタッフの中で東北や北関東の出身者が手分けして団体を調べたり、ここぞと思う団体に連絡して「関西への避難情報を掲載した冊子なんです。イベント等で配ってください！」という感じでした。

――そもそも、どうしてほっこり通信が始まったのでしょうか？

皆川　もともと、茨城県出身で京都に住んでいる南さんという小学生を持つ母親が、「おなじ子どもを持つ親として何かしたい。避難先としての京都の情報を被災地に向けて届けられないか？」と思い立ったことがきっかけです。当時は、講演会やイベントがたくさん行われていて、ある講演会で知り合った母親たちと一緒に4人で編集を始めました。その後、だんだんに人がふえていって、いまは11人で作成しています。

参加している母親たちの思いは共通していて、例えば、子どもが重い病気になったとき、親は「食べ物がいけなかったんだろうか？」「もっと早く気づいていたら……」と自分の行いを悔やんだり、自分を責めたりすることがあります。

ましてや今回のような事故の後、もしなにかの病気が発症したとしたら「どうしてあのとき、避難しなかったのか……？」とか「あれを食べさせたことが原因なのでは……」とか、悔やんでも悔やみきれないことになってしまうのではないか？と考えたんです。

だけど、避難をするってとても勇気のいることですよね？　そして、避難を考えている人は、見知らぬ土地で孤立することをとても恐れていると思ったんです。だから、避難先の取り組みが事前にわかれば、安心して避難の検討をしてもらえるはずだ、その目線で取材をして情報を掲載しています。

――掲載されている内容は多岐にわたりますね？

皆川　スタッフのほとんどが小さな子どものいる母親ですから、おなじ母親の困っていることはよくわかります。子育て中の被災者を意識して、自治体の相談窓口や、一時避難を受け入れている民間グループの活動紹介をしたり、子どもの学校や幼稚園等の教育事情がわかるページ

もあります。あと、京都と一口に言ってもみなさんが想像されるのは観光地としての京都。実際に生活するとなると、京都府は大きいですから自治体によってサポートが違っているし、そういう細かい情報まで丁寧にあつめています。

また、すでに移住してきている母たちの対談などもあって、「実際のところ移住してみてどうなの？」という生の声も掲載しています。移住がすべてバラ色というわけではないので、そのあたりも十分に共有した上で、

「これから避難を考えている人の力になりたい」

「被災地と支援者を結びつける役割を果たしていきたい」

そんな思いでスタッフ全員、寝る間も惜しんで作成してました。（笑）

――皆川さん自身はどんな思いで参加しているんですか？

皆川　私は宮城県の出身で、ちょうど姉

のところに子どもが二人いまして、原発事故の直後は、姉たちを京都に呼び寄せたんです。4月に学校が始まって彼女たちは帰ってしまったんですけど、短い期間でも事故の影響が強いときに東北を離れられたことはきっと少しは役に立っていると思います。だけど、関西や遠方になんの縁もゆかりもなければ、一時避難することもむずかしいですよね？

避難すべきかどうかは、考えれば考えるほど難しいことなのですが、それでも「少し離れたい！」と思ったときに、親戚や知り合いがいなくても頼れる場所があった方が絶対にいいですよね。そのための幅広い情報をほっこり通信にのせて、被災地に届けています。

たまたま、私は夫の仕事の関係で京都に住んでいますが、もし自分が宮城県で結婚して住んでいたらと考えると、今いる場所で二人の息子の健康のために、どんな対策ができるのか？ということもものすごく重要なことだと思います。

実際に、「ほっこり通信をぼろぼろになるまで握りしめて読んでいます」という声を聞いたり、ここで得た情報をもとに京都に移住したという方も時々いて、嬉しい限りです。

◆

3・11以前は、スタッフのほとんどが、市民活動にかかわった経験がない人ばかり。初めは持ち出しの自己資金で始めたが、部数がふえるに従って経費がかさむようになった。あまりに大量の冊子を手刷りしている大変さをみるにみかねた市民センターの人から、市民活動向けの助成金の応募を勧められたという皆川さんたち。

取材や編集の仕事の経験があるスタッフもほとんどいない。でも、紙面には過不足なくさまざまな情報がもりこまれている。おなじ目線だから伝わるものというのが大きいように思う。作り手の思いが自然にわき上がってくるのだろうか。

――編集会議は何を基準に紙面づくりをしていますか？

皆川　雰囲気は、楽しい感じなのですが、スタッフには被災地から来ている方もいて、おなじテーマをどのように感じるか等、支援者と被災者の両方の立場から、今何が必要な情報か？を話し合って決めています。支援する側からみればよかれと思って使った表現が、意外に当事者の方には苦しかったりすることがあります。支援する側とされる側が垣根を超えて一緒に作っていることが、ほっこり通信がみなさんに支持されている秘密なのかもしれません。さすがに8000部刷ったときには全員くたくたでしたが。（笑）

記事の内容は、震災直後は、とにかく避難の情報があればそれでよかったのかもしれませんが、半年、1年、2年経ち、その時々で被災者の方達のニーズも変わってきています。

例えば、震災から1年以上経ってでた

第3号では、避難が長期になっている中で、教育のことや仕事のことにスペースを多く割きました。

どこにどんな保育サービスがあるか？とか、給食はどうなっているか？とか、その地域に住んでいれば口コミで入ってくる情報ですよね。でも、遠方の人が入手するのは意外に大変です。

また、避難の長期化に従って、働く場所の確保はますます重要になってきています。最近では、避難者向けの支援窓口が設置され、母子で避難している方のパートナーの京都での仕事を探すという支援も始まっています。実は、行政でも意外にさまざまな支援をしているのですが、説明がわかりにくいことが多いので、「このサービスを受けるにはここの窓口でないとだめだよ！」などの情報を付け足して、わかりやすく伝えるという役目も担っています。

今後も必要なときに、必要な情報が出せるように努力していくつもりです。

◆

ほっこり通信のスタッフたちは、出会った避難者たちを個人的にささえる活動も行っている。取材のときにも、実はもう一人別のスタッフが同席する予定だったが、避難者の急病で病院の付き添いに行くことになってキャンセルになった。

「ほっこり」は京都弁でほっとするとか、癒されるというときに使われることが多い。移住者の孤独はそう簡単には癒されることはないだろうが、「ほっこり通信」という言葉で、一人一人を優しく迎え入れますよ、少しほっとしてほしいんです。そう呼びかけているように私には思えた。

ほっこり通信 from Kyoto
連絡先
〒605-0811 京都市東山区小松町 570-16
電話　075-532-4355
Eメール　hokkori-kyoto@freeml.com
＊バックナンバーは、ブログからダウンロードすることができます
http://ameblo.jp/hokkori-kyoto/entry-11135814872.html
参考資料 『ほっこり通信 from Kyoto』第1号、第2号、第3号

心はずっと福島において　齋藤夕香さん

（家族：義父母・夫・本人・子4人（中3、中1、小学校高学年、保育園）／福島県から京都府に移住。長女は義父母と福島県に残る）

＊子どもの年齢は2011年3月11日当時です。

福島で生まれ育った斎藤さんは夫の両親と4人の子どもたちに囲まれ仕事をしながら充実した毎日を送っていた。ずっとこのまま福島で生きることを信じて疑わなかった日々。まさか、故郷から700キロも離れた京都で暮らす日が来るとは夢にも思っていなかった。

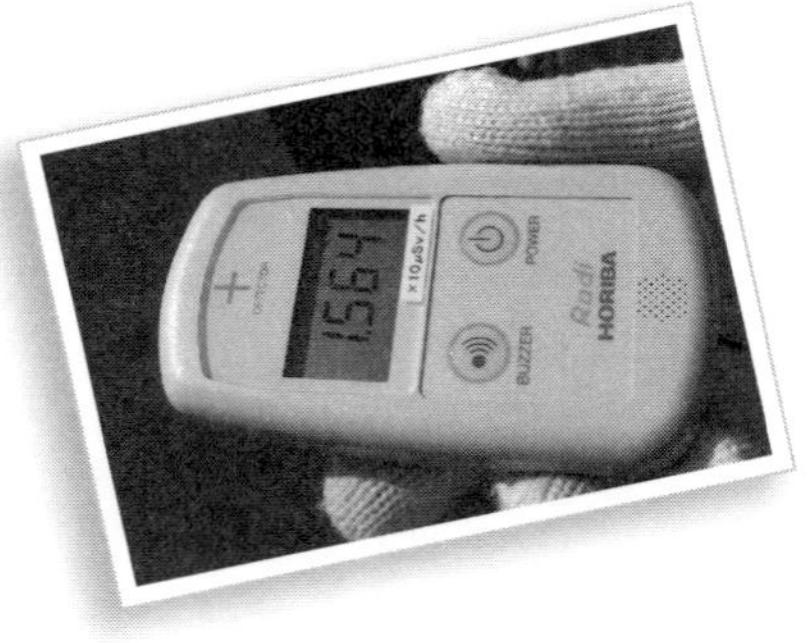

すべてが変わってしまった

２０１１年3月11日、午後の会議を終えた齋藤さんは、福島市内の駐車場で地震におそわれた。どんどん揺れがひどくなり、ようやく外に出て、逃げ出してきた人たちと恐怖の中で抱き合った。車内のテレビには津波の映像が流れ、家までの国道も土砂崩れで閉鎖されていた。海外に単身赴任している夫から着信があった後、電話は不通になった。何が起こっているのかわけもわからず、ようやく家にたどりついた。幸い、齋藤さん一家は津波の被害は免れたが、電気も水道も止まっていた。翌日から開いているお店を探して、食料の確保に奔走した。まだ原発のことは知らなかった。

3月13日の朝、川に水汲みに出たとき、近所のガソリンスタンドに車の列ができていた。原発から避難してきた人たちの列だと聞いて、胸がわさわさした。家に帰ると電気が復旧していたので早速テレビをつけ、初めて原発事故を知った。だが、この時点ではまだ線量の高さも何も聞かされていなかった。

「ニュース見てても、子どもを外に出さない方がいいのかなっていう雰囲気ぐらい。ただ絶対出ちゃだめっていう話じゃなくて、ちょっと心配なら出ない方がいいよっていう、曖昧なかんじだったんです」

初めて「避難」という言葉が齋藤さんの意識に入り込んだのは、3月17日だった。ニュースで、福島県の牛乳とほうれん草に出荷停止制限がかかったことを知った義母が、避難した方がいい、とつぶやいた。齋藤さんにはその言葉がピンとこなかった。「自分は避難するつもりはまったくなくて、そんなにやばいのかなってふうにしか受け止めてなかったんですよ」。

4月に入ると、福島県内の校庭の線量測定が始まった。

「地上1センチと1メートルの数値と発表されてたんですけど、単位とかもよくわからないし、数値が何の意味かもわからない」

テレビでは放射線のニュースの後には必ず、直ちに健康に被害はないと繰り返されていた。

不安を覚えたのは、テレビに毎日流れる放射線量をぼんやりと眺めているときだった。当時、

1時間おきの福島県内の放射線空間線量が発表されていた。だが、発表の前には必ずX線の放射線量がだされることに強い違和感を覚えた。

「1回レントゲンをやったときの数値が600マイクロシーベルトって出てから、今福島市の放射線量2・2マイクロとか、飯館が5マイクロとか出る。知らない人が見たら、ああ、全然低いじゃんってていうふうにとりますよね」

だが、レントゲンの放射線量と空間線量は比較対象にならない。放射線の影響を過小評価しすぎている気がした齋藤さんは、自分でネットを使って調べてみることにした。

震えて眠れなかった夜

調べていくと、「放射線管理区域」という言葉が目にとびこんできた。1時間あたりの空間線量が毎時0・6マイクロシーベルト以上の場合、人は住んではいけないという法律。齋藤さんの自宅付近の放射線量は毎時2マイクロシーベルト、室内は毎時0・7マイクロシーベルトだった。家の外も中も、「退去区域」になる。

「え、何これって。え、ちょっと待ってどうなんのって」

その夜は、震えが止まらず一睡もできなかった。翌朝、仕事に行く前に子どもの中学校、小学校と保育所に直行した。先生たちに放射線管理区域について書かれた資料を見せて回ったが、心配しすぎだという先生もいれば、資料を真剣に読んでくれる先生まで、反応はまちまちだった。

齋藤さんにはもう一つ気になることがあった。震災が起きてから齋藤さんの身体全身にじんましんが出ていたのだ。2週間ほど、かゆみが続いていた。保育園児の次女は、咳や口内炎がずっと続いてた。放射線の影響だとは夢にも疑わず、震災後の疲れやストレスだろうと思っていた。

不安に追い打ちをかけるように、4月19日に、文部科学省が福島県の校舎・校庭の利用判断について、年間20ミリシーベルト（※1ミリシーベルトは1000マイクロシーベルト）という基準を示した。

「新聞でそれを発表する前の日は、年間20ミリじゃなくて10ミリだったんですよ。うちは避難区域だったはずなのに。それがいきなり倍になったんです」

3月21日には、校庭・園庭では毎時3・8マイクロシーベルトという基準が発表された。基準を超えた学校については屋外制限、それ以下は外で遊ばせてもよい。齋藤さんの子どもの学校はぎりぎり3・7だった。

「放射線値って毎日変わるんですよね。上がったり下がったりを繰り返す。なのに、測った日の、その日の数値だけを基準にして屋外制限を決めたことにすごい腹が立って。ばかなんじゃないの？って思って、本当に」

誰も説明してくれない

それまで放射線についても原発についても考えたことすらなかった齋藤さんは、次々と知る情報に愕然とした。でもネットの情報はあいまいで、本当かどうかわからなかった。

とにかく、誰かに納得いく説明をして欲しかった。屋外制限がかかった学校で、文科省のアドバイザーと教育委員会の職員による説明集会があると聞いたので出かけてみた。会場でもらった書類の中に、県内の各学校の放射線量やセシウム量の数値が表記されていた。その数値に目を見張った。「屋外制限がかかってる学校のベクレルの数値が、うちの子どもらの学校より低かったんですよ。どういう意味なのって聞いても、誰も説明できないんですよ」

不安が一気に放出した。

「最初10ミリだったのがいきなり20になって。うちら、避難だったのにいきなり倍にされたらどういう気持ちだかわかりますか。チェルノブイリのときだって年間5ミリシーベルトで避難だったのに、うちらはどうなるんですか、避難範囲広げないとまずいんじゃないんですか」と関係者に詰め寄ったが、部外者だという理由で着席を求められ、それ以上は発言ができなかった。

溝ができていった

自分で行動するしかない。齋藤さんは自ら測定器を手配し、次女の保育園の校庭の線量を測定しはじめた。滑り台の下など毎時20マイクロシーベルトを超える高い箇所がたくさんあった。家の周りの定点観測も始めた。毎日、朝昼晩、屋内と屋外を測っていった。

「室内も毎時1マイクロシーベルトぐらいで、あのころは子どもが出ている屋外も高かった。高いところは2ぐらい、地面はもっとぜんぜん高かった。5とか6とか、10とか20とか出るんですよ」

みんな、このことを知っているのだろうか。齋藤さんは自分で測定した値を書いたチラシを作って会社にもおいた。会社の顧客にも年間20ミリシーベルト撤回の署名運動を求めた。だが、震災から時間が経つにつれ、周囲の放射能に対するガードは徐々に低くなってきていることを感じた。

自宅でも、最初は窓を締め切って洗濯物は室内干しにしていたが、天気の日に義母に「大丈夫だべ、もう外干しても〜」と言われると、絶対だめとは言えなかった。

やがて人間関係もぎくしゃくしはじめた。放射能に関するチラシを配る齋藤さんに、友人たちは「ちょっとおかしくなっちゃったんじゃないか、狂っちゃったんじゃないのか」と噂した。そのたびに、一からまた説明。毎回、おなじことの繰り返しだった。

測っているからだめなんだ、と測定もやめようとした。でも、一度測りはじめると気になってしまう。そして、齋藤さんの中で罪の意識が大きくなっていった。「自分も知らなかった一人だし、知った以上は動かなきゃっていう衝動に突き動かされていたんです」。

応援してくれる人

齋藤さんの家族が置かれている状況は、本来なら今すぐ避難しなくてはいけないはずだ。だが、そのことについてまだ誰の口からも納得のいく説明を聞けていなかった。

5月23日、文部科学省の年間20ミリシーベルトの基準撤回交渉があることを知り、いてもたってもいられずバスに乗り込んだ。福島からは60人が参加。東京で齋藤さんを待っていたのは600人の支援者だった。齋藤さんのツイッターにも、支援のメッセージがどんどん届く。こんなに

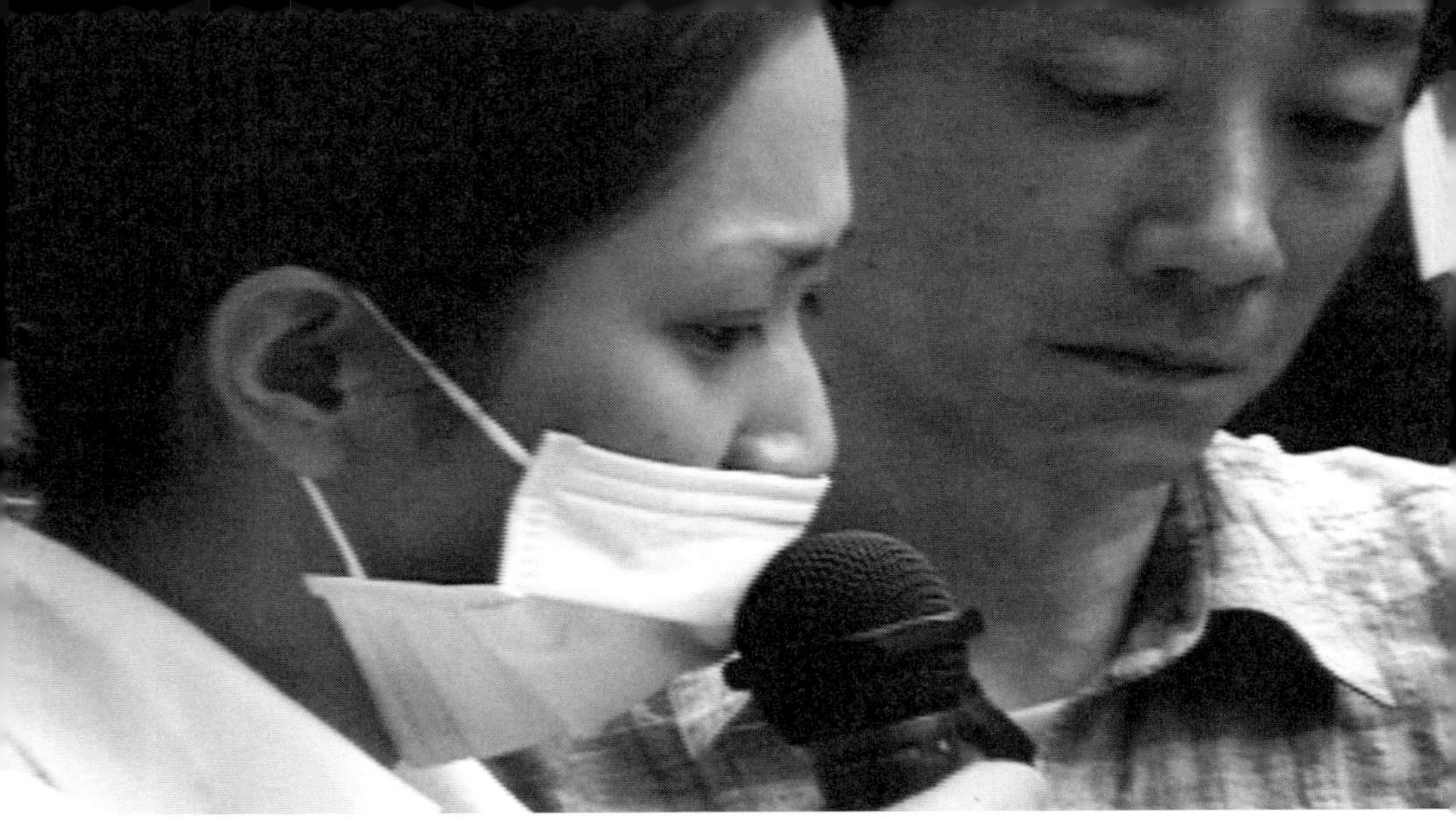

「子どもを守ってください！」文科省前で涙ながらに語った

闘っている人がいたんだ、と齋藤さんは気づいた。

文部科学大臣は出てこず、かわりに次長に年間20ミリシーベルトの撤回要請書を手渡した。たくさんの支援者を代表して、幼い次女とありったけの思いを込めメッセージを読みあげた。齋藤さんは報道陣に囲まれた。

夜、福島の自宅に戻り、テレビをつけると夜のニュースに自分が出ていた。

『私たちの我慢はもう限界です。今すぐ20ミリシーベルトを撤回して下さい！』

翌日、いつも行く病院の看護師さんが駆け寄ってきた。「見ました、齋藤さんのテレビ。ありがとうございます」と涙ながらに言ってくれた。

「何人かに言われたんですよ。近所の友達とか、娘のサークルのお母さんとかに。『言ってくれて本当にありがとうね』って言われたとき、ああ、おなじ感覚の人たち近くにいるじゃんって。そういう人たちがずっとそばで、ささえてくれてた感じです」

誰もが自分の思いを口に出せないでいた。「学校の先生方は、銃をつきつけられてるみたいな感覚なんですよ。先生たちも言いたいことがここまで出てるんです。でも言えないんですよ。なかには、教育委員会とかに匿名で訴えたりしてた先生もいたけど、バレちゃって」。あとで移住を決意したときにその先生が「齋藤さん、よく決断したね」と言ってくれた。「あたしもいろいろがんばったけど、あきらめてしまったけど、応援してるからね」と泣いて送り出してくれた。

娘のかわりになれたら

5月に入ると除染が始まったが、子どもにはずっとマスクを着けさせて、土には触らせない生活が日常になっていた。

6月北海道の保養キャンプに行くと決まったとき、保育園の次女は「放射能ないとこ行くの?」と大喜びした。

「北海道で、娘が道ばたの草を触ろうとしたときに、わたし『あーっ!』て叫んだんですよ。それではっと我に返って」。齋藤さんは、芝生の上で楽しそうに転がる子どもの顔を見て、涙が止まらなくなった。

そんなとき、京都に避難している人が、京都の移住受け入れについて教えてくれた。もし次になにかあったときに、避難先を確保しておくのはいいかもしれない。福島県外への移住を本格的に考えはじめた。年老いた親も来やすいのと、子どもたちの学校のことも含めて京都にしようかと具体的に動き出した。

２０１１年末に初めて京都に下見に訪れたときは、高校の下見もかねて長女も連れていったが「やっぱり福島がいい」と、学校説明会の途中から喧嘩になってしまった。何度も何度も説得したが、長女は頑として受け入れなかった。祖父母が面倒をみるからと、長女は福島に残して、自分と下の子ども３人だけで京都に避難した。

だが、娘の一言が今でも忘れられない。

「奇形児が生まれてもママには迷惑かけないから」

「ショックですよね。娘にそういうこと言わせてしまった。私も、もし娘がそういう子どもを産んだとしても、孫だからちゃんと面倒みるよ、なんて話しちゃって。自分の中でも、そうなってしまう覚悟をどこかでしてしまっているんですよね」

引きずってでも来ることはできなかったのだろうか。後悔はしている。

「あたしが福島にいて娘が京都にいられたらいいのに」

大粒の涙をぬぐいながら齋藤さんはつぶやいた。孫３人から離れた祖父母も寂しそうだ。

私さえ我慢すれば、家族がみんな福島にいることができる。何度も心が壊れそうになり、毎日が葛藤だった。だけど、一度知ってしまったら、もう知らなかったことにはできなかった。

生きていれば

原発事故が起こる前の生活を振り返り、齋藤さんは目をふせた。

「『知るべきことを知らされてなかった』っていうのが一番まずいと思いました。これからの人たちには知ってほしい。そこが一番責任、感じてるかもしれないですね」

　この先どうなるのかは、まだわからない。

「自分の子どもに、どこで結婚してどこで子どもを産ませたらいいかとか、いろんな先々のことを考えて、親は生活しています。これからのことを考えると、また気が狂いそうになる。でも、とにかく生きてれば大丈夫と信じていくしかないです」

　子どもたちのためには、自分が前を向いていくしかない。だが、齋藤さんは、自分はいつの日か、福島に帰るつもりでいる。その日は来ないかもしれない。でも齋藤さんの心はずっと福島にある。

母たちの決断④

とにかく安全な場所へ

カンベンガ・マリールイズさん

（家族：夫・本人・子4人（20代、20代、10代、中3）／三女のみ九州に移住。本人は福島県に残る）

ルワンダの千の丘が新緑に包まれる4月。
マリールイズさんは命がけで砲撃の中を逃げていた。
2歳の子を背負い、幼い二人の子どもの手をひいて。
今この小さな手を離したら、もう二度と会えない。
民兵から逃げまどう人の渦の中、頭にあるのはただ一つ。
この子たちを、とにかく安全な場所へ。
あとのことはそれから考えよう。

＊子どもの年齢は2011年3月11日当時です。

3・11震災の日

２０１１年3月11日の朝、福島市に住むカンベンガ・マリールイズさんは、確定申告を提出するために慌ただしく準備をして家を出た。その日は天気がよかったので、自宅から徒歩30分の申告会場まで歩いていくことにした。４階の会場に着いて「今年も間に合った」とほっと胸をなでおろし、パソコンに向かった瞬間に、ぐあーーっと揺れがきた。この世の終わりかと思うほどの揺れだった。すぐに福島にいる3人の子どもと、東京にいる長男に電話をかけたが、つながらない。

揺れがおさまるのを待っているうちに、外は吹雪はじめていた。運よく外に出ると仲のよい顔見知りのタクシーの運転手さんが声をかけてくれ、危険だからと家まで送ってくれた。途中、ひどい余震で何度も車を止め、ようやく帰宅できた。家には大学から早く帰っていた次女が一人でいた。パソコンも家具もすべてひっくり返り、家の中はめちゃくちゃだった。電気も水も、ライフラインはすべて止まっていた。石油ヒーターから灯油がこぼれていたので室内は危険だと判断し、車の中で暖をとることにした。そうしている間に、三女が中学校から徒歩で帰ってきた。出張で不在だった長女には、二日後に再会できた。東京にいる息子の無事もメールで確認できた。

3月12日、東京電力福島第一原発1号機が爆発。ルワンダ大使館から危険なので東京に逃げてこいと連絡がきた。しかし家族全員で東京まで行く手段はないし、その後の生活保障もない。「ここに残って、ここで祈ります」と大使館に告げた。マリーさんは、ルワンダで内戦が起きたときに、外国人たちが一斉に国外避難したときに感じた不安を思い出していた。

ルワンダ虐殺を生き延びて

1994年、マリーさんの故郷ルワンダで民族間の内戦が勃発した。たった2ヶ月の間に、女性や子どもを含む50万人から100万人が虐殺された。それまでの平和な日常が瞬く間に崩壊し、人間が悪魔になる瞬間を、マリーさんは何度も目撃した。その後、28歳だったマリーさんは、当時6歳の長男、4歳の長女、2歳の次女をおぶって、命がけで隣国の難民キャンプへ向かった。単身赴任で不在だった夫とも、奇跡的に難民キャンプで再会することができ、日本の友人たちの計らいで、家族そろって日本に移住することができた。

　それ以来、家族が安全な場所に一緒にいることができることの大切さを誰よりも実感してきた。福島第一原発から放射能が漏れていて、身の危険があるかもしれない、と聞いたとき、子どもたちのことが一番に頭に浮かんだ。

「自分の子どもが何か危険にさらされたとき、母親は何も考えずに行動し、子どもを安全な場所に連れ出します。そこで、ようやく次に何ができるかを考える。その子どもを守れるのは私だけだから」

　ルワンダでとなりの家が爆撃で崩れ落ちたとき、マリーさんは黒い小さなバッグにパスポートとお金を入れ、子ども3人を連れて家を飛び出した。このまま家の中にいたら、確実に死んでしまう。子どもたちを少しでも安全な場所へ。せめて外で死ねたら、誰かが遺体を発見して、夫に知らせてくれるかもしれない。

「子どもたちがルワンダからきたときの年齢だったら、何も考えずに福島を出ているでしょうね」とマリーさんはきっぱりと言う。だが、長男は23歳、東京で働き、長女は21歳、ルワンダを出たとき、背中に背負っていた次女は、もう19歳になる。「20歳になったら、責任をもって自分のことを考えられる。20歳の子どもの人生をそんなに簡単に決めてしまってはいけない。18歳以上になったら、本人の気持ちを尊重して、親はアドバイスする立場になるべきです」

しかし、日本で生まれた一番下の三女は、まだ15歳で中学3年生だった。

「15歳の子どもの安全は、親に決める責任があります。その子はまだまだ親の守りが必要だと、法律もいってる。法律は研究をつみかさねてできていますから」

それから、外出は水汲みをするときだけ、マリーさん一人が外に出た。下の娘は一歩も家から出さなかった。友達と会いたがる娘を家に閉じ込めるのは本当に大変だった。

母親としての決断

「10代の子どもを家に閉じ込める大変さがわかりますか？　何も悪いことをしてないのに、お友達と出かけちゃだめと叱らなければいけない。当たり前のことを取り上げることが本当に苦しかった」とマリーさんは振り返る。

とにかく、毎日が喧嘩だった。学校が再開した後も、外出するときは必ずマスクをつけさせ、できるだけ外出を避ける生活を続けさせた。だが、現在の状況や今後の生活など、いろいろ考えた結果、三女だけを遠方の学校に送ることを決めた。

震災のときに、夫は外国に行っていて留守だった。危ないから引っ越せとはいうが、そのための資金も現実的ではなかった。「大変なときはいつもいないのよね」と笑う。三女の進路について相談する時間もなかった。

4月にようやく受け入れてくれる九州の高校を見つけた。だが、娘を説得するのは大変だった。友達や家族と、自分だけ離れるのを嫌がる三女を、マリーさんと兄姉は必死で説得した。心配して駆けつけてくれた日本の友人も説得してくれ、ようやく三女は納得してくれた。
「でも泣きながら、九州に行きましたけどね。やっぱりつらい。ちゃんと話すことも容易ではなかった。でもこの子のためになると信じています」

将来、お母さんがこれをしてくれなかったからこうなったと言われるより、今はできるだけ精一杯のことをしたかった。

母娘は、ほとんど会えない。「今年は1月に会って、そのあとは春休みまで会えなかった。それから7月に九州で講演したときに会い、夏休みには福島に帰ってきた。今11月ですけど、その後はまだ会えてない。だから1年に会えたのは30日もないですよ」。

電話料金が大変なことになるから声が聞きたくても我慢する。
「やはり15歳のまんまですからね。なんかあったらお母さんに聞いてもらいたいけど我慢させなければならない」

ときどき電話で話せても、いきなり泣き出すこともある。もっとそばにいられたら、こんなことにはならなかったと思う。

甘えたい時期なのに、甘えさせてあげられない。マリーさんは本当につらかった。
「でもどこにいっても、たくさんの方々が親切にしてくれているから、娘は大人になりました。最初は『お母さんにはこのつらさはわからないでしょ!』と言っていたけど、高校1年生が終わったころに、『九州に行ってよかった』と言ってくれました。それで初めて安心できた」

福島で夢を語り続ける

なぜ、まだ福島にいるのかと聞かれると、マリーさんはこう答えた。

「福島は、私にとってとても大切な場所だから。福島にいたからこそ、絶望の中で夢をみることができた。福島が、私に夢をみせてくれたんです」

ルワンダの難民キャンプで、自分の分まで子どもに食べさせ、餓死する母親をたくさん見た。マリーさんもそのとき20キロも痩せた。今夜寝たら、明日、目覚められるかもわからない。青年海外協力隊のカウンターパートナーをつとめていたマリーさんは、福島に交換留学でホームステイをしたことがあった。そのときのホームステイ先の友人たちが、何ができるか聞いてくれたとき、マリーさんは迷うことなく、3人の子どもを安全な場所に逃げさせてくれと頼んだ。「この子たちだけでも安全な場所に送ってくれたら他には何もいらない」と。友人たちは、家族が全員で日本に来られる道を必死に探してくれた。

「日本に来た最初のころ、生活に追われ、夢が途切れていたときに、まわりのみんながルワンダに何が起きてたの？と聞いてくれた。そして、それを話すことが、私がしなければならないことだと気づかせてくれた」

安心して子どもたちを育てられるから、自分の状況と使命について考えることができた。

「教育から平和を作れることに気づかせてくれた。ルワンダに学校を作りたいと福島の友達に声をかけて、知人やマスコミを通じて、少しずつ福島から全国に声が広がっていった」

マリーさんは友人の協力で2000年、ルワンダに「ウムチョイムゥイーザ学園」を開校した。

「だから、福島は私にとって生きる夢を見せてくれたところ。その夢を追えない人々がいる中で、自分だけが夢を追っていくわけにはいかない。私たちがやっている活動を、ここでやっていく決心をしました」

女性の力と復興

ルワンダはたった3ヶ月の間に国民の10分の1を虐殺で失い、国は破滅状態に陥った。およそ20年後の現在、「アフリカの奇跡」と呼ばれるほど復興している。そこには女性が大きく貢献していた。ルワンダは２００３年に新憲法を制定し、行政のあらゆる意思決定機関において女性従事者の数を最低でも３分の１にすることと定めた。現在ルワンダ国会では、女性議員が56％となり、女性政治家数は世界一だ。

内戦での被害が一つ一つ徹底的に洗い出された。女性の結婚年齢は15歳から21歳に、レイプは最高刑にあたる無期懲役になった。また、父親のいない孤児をこれ以上増やさないように死刑制度は廃止された。女性は相続の対象になり、遺産相続ができるようになった。

「ルワンダで内戦が起きたときに、目の前で親が殺されて一人ぼっちになった6歳の子を見た。私の息子と同じ歳だった。もし息子がその子だったらと考えることができるんです。女性は自分の家族の幸せを第一に考える。結婚してもしていなくても、両親や兄弟たちが幸せになるために、自分は何ができるかと考えることが、本能的にできるんです」

女性議員が増えた後、ルワンダは目に見えて変わっていった。女性たちが自信を持ち、明るくなった。

議員の中には虐殺で夫を失い、子どもを独りで育てている女性も多い。

「自分の子が生まれたときに、この子が大きくなったときにどんな世界になっていてほしいか、女性はそういうことを考えられるんです」

ルワンダには「お母さんは家の心」という言葉がある。心が安定すると身体も元気になる。どんな大変なときでも心が安定していれば、そこを原点として必ずまた夢を見ることができる。ルワンダと福島、異なる二つの災害を経験したマリーさんは、そう信じている。

コラム 避難母子をささえる②

ゴー!ゴー!ワクワクキャンプ

全国各地で、東日本からの母子の一時保養の受け入れが行われている。

子どもは新陳代謝が激しいので、1週間程度でも摂取しない環境をつくることで、放射性物質の蓄積を抑制する効果がある。

京都の『ゴー!ゴー!ワクワクキャンプ』は、大学生が中心になって立ち上げた異色のグループ。夏休みには1ヶ月間という長期キャンプを成功させている。『ゴー!ゴー!ワクワクキャンプ』を立ち上げた二人に話を聞いた。二人とも京都精華大学を卒業したばかりの若い女性だ。

◆

――今まで、何回ぐらい保養キャンプをやったんですか?

芝 菜津子さん(以下、芝)

2011年5月に、まず福島、宮城、栃木などから子ども12人、おとな7人を5日間受け入れました。その後、7月末から1ヶ月間で、子ども32人、おとな25人。2012年も春休みと夏休みに企画して、のべ135人の子どもとその親たちに京都ですごしてもらいました。

――どういう経緯で立ち上げたの?

久保田美緒さん(以下、久保田)

震災後の1週間にいろんな講演会が開かれて、子どもが一番リスクが高いという話を聞いて、『京都から東日本大地震被災者を支援する会』というところの方たちが避難させることを考えているのを聞いて、私も子どもの移動ができる方法を考えようみたいな感じで……。

芝 私は、震災直後はどうしたらいいのかわからなくて。3月末に京大で行われたシンポジウムで、関西で20年以上チェルノブイリ被爆者の支援を続けている小児科医の振津《ふりつ》かつみ先生が「避難指示が出ていない福島市や郡山市でも、線量の高い地域に子どもたちが生活している。子どもたちを移動させたいんだ」って言うのを聞いて、うん、そうだ！と思って。

久保田　でも、福島に直接入った支援団体の人たちから、現地では集団移住はむずかしい雰囲気になっていることを聞いて、自分たちではどうしたらいいかわからなくて、大学時代の原発に詳しい恩師に相談をしたり、たまたま京都府の地域力推進課の人に相談する機会があって、その人に「大学生ができるレベルのことを考えたらいいんじゃないの？　例えばキャンプは？　自分たちがいくら資金があって、何人スタッフがいて、移動手段は？とか、具体的に全部あげてごらんよ」って言われて、それで着手したんだよね（笑）

◆

一時保養のキャンプを始めることにした二人。友人に呼びかけてスタッフを集め、クッキー等を売ってカンパを集めはじめた。手書きで作ったのが、京都への一時避難を呼びかけるチラシ。福島の支援に行く知人などにチラシを預け、現地で配ってもらって参加希望者への呼びかけを始めた。

◆

――２０１１年5月のGWには最初のキャンプを実現させていますよね？

芝　元々、夏休みの長期のキャンプをやろうって。でも、私たちのチラシを福島や東京で配ってくれた人から、〝来たい人がいる！〟ってことを聞いた時点で、あ、もうやらないと、って。そこで覚悟ができたかな。大学に働きかけて、大学所有の施設を貸してもらい行うことにしました。

4月最終週は毎日のようにミーティング。その中で、『ゴー！ゴー！ワクワクキャンプ』という名前も、京都精華大学の学生の子が「ゴールデンウイークのGとWをとってゴー！ゴー！ワクワクキャンプは？」て言って、2分くらいで決めました！（笑）

―― 具体的にはどんな内容でキャンプをやったんですか？

久保田　GWはたった5日でしたけど、最初に福島等から長距離バスで子どもたちが京都入りしたときは、「少しでも子どもたちを元気に外で遊ばせてやりたい」という保護者の方の熱い想いがすごく伝わって自分たちもはっとしました。

　夏休みは7月31日から8月30日までの長期企画。特に、おじいちゃんやおばあちゃんの家に遊びに行くように、ゆっくりすごしてほしい、そして、汚染の心配のない食べ物を食べ、外で思い切り遊ぶことで心も体も元気になってほしいと、企画しました。

　避難する人、したくてもできない人、生活の隅々まで厳しい選択をしながらす

ごす人、さまざまな気持ちによりそうことができたらと準備をしました。

芝　スタッフのほとんどが学生やフリーターで、自分もなにかしたいという思いに共鳴して集まった仲間でした。若者の〝無謀な企画〟を心配して大人がさまざま形でサポートしてくれて、カンパも260万円にのぼったんです。そのおかげで一人1日500円の費用でキャンプに参加できることになりました。

　特に、プログラムは多彩でした。

　参加者の年齢は、ゼロ歳児から中学生までで、福島、茨城、栃木、宮城など各地から参加してくれました。

　具体的に言うと、花火大会や盆踊りという夏の定番から、京都ならではの金閣寺・銀閣寺などへの観光も企画しましたし、自分の手から生み出す喜びを味わってほしかったので草木染めの体験や、竹の紙すきなどもしました。あと、楽しかったのは古民家での生活体験かな？　地域の人にもお世話になりながら、一つ屋

根の下、大広間で寝食を共にしました。子どもたちは興味津々でした。

それから、長年チェルノブイリの被害者の支援をしている団体による健康診断も行いました。子どもだけでなく一緒に参加した親たちの心のケアまで考えたプログラムが行われたのが良かったと思っています。お母さんたちも誰にも言えなかった気持ちとかを健康診断のときに話してくれて、なんらかの助けにはなったと思っています。

◆

『ゴー！ゴー！ワクワクキャンプ』の三本柱というのがある。

若者たちが長期の保養キャンプの運営という実体験の中から、心を一つにして紡いだ「ゴーワク」の柱。とても素敵な誓いになっている。

1、子どもたちを放射能から遠ざける。
2、「逃げられない」という心理状態に追い込まない。
3、つながりをつくる

一つ目の「子どもたちを放射能から遠ざける」は、子どもの場合約1ヶ月で体の細胞が入れ替わるために、汚染されてないバランスのとれた食事をとり、心身を調えることで体内の放射性物質の排出につながる。だからこそ、1ヶ月という長期キャンプに意味がある。
二つ目の、『「逃げられない」という心理状態に追い込まない』というのは、家族や友人と離れて暮らすことや、先祖代々の土地を手放すこと、さらに経済的な理由など、さまざまな問題がある。多くの人は、問題を乗り越えられなければ「逃げられない」「あきらめるしかない」という心理的な壁に阻まれてしまっている。政府は、復興へと人々の意識を呼びかけているために、現地では移住を口にすることもむずかしい状態が生まれており、だからこそ保養キャンプを続けることで、「逃げられない」という状況から一時的にでも抜け

出せる環境を作り、避難が選択肢の一つになるために続けようということだ。

三つ目の、「つながりをつくる」は、実際にキャンプで、おなじ立場にある人たちが出会い、思いを共有する中で彼らが感じたのは、本当に必要なときに助け合えること、力添えができること、そのためには当事者と確かなつながりを持つことが大切だと見つめ直したことから来ている。

実際に参加した子どもや親たちからはたくさんのお礼の手紙がよせられている。なかには京都への移住を果たした家族もいた。

――スタッフの皆さんへ――

▼1ヶ月間ありがとうございました。今までの人生のなかで一ばんたのしかったです。本とうにありがとうございました。また、『ゴー!ゴー!ワクワクキャンプ』をやってください。（福島在住の少年）

▼放射能をきにせずのびのびと過ごせたことはとても貴重な体験でした。たくさんのお兄さんやお姉さんに出会い、楽しくすごすことができました。とても思い出深い夏休みになりました。（福島在住の少年）

▼京都へ行く前は、ただひたすら子どもの被曝量を減らしたい、子どもを外で遊ばせてあげたいという気持ちでしたが、それ以外にも思いもよらずたくさんのものを得ることができました。見知らぬ土地へ行ってもなんとかやっていけるという自信がつき、いろいろな方にあって自分のおかれている状況を理解したようです。なにより、親の私自身が一番慰められたように思います。最初のうちは気持ちがいっぱいいっぱいで、ことあるごとに涙を流していました。話を聞いてもらいたい、助けてもらいたいという気持ちだったと思います。でも、若いスタッフの方が身を削って一生懸命子どもたちのためにやってくださっている姿を見て、前にすすまなければと思うようになってきました。（福島在住の母）

◆

――2年間やってみて、どんなことを感じていますか?

芝　ゴーワクで子どもたちと一緒にすごしてみて、子どもたちの持つ力を知りました! 子どもは生きる力にあふれていて、一緒にいてどれだけ救われたかわかりません。なんでも楽しむ力、なんだと思います。同時に、過酷な現実を生きていくのに必要な力っていうのは、こういうものなんじゃないでしょうか?

久保田　チェルノブイリの被災者を長年支援してきた方々にお話を聞いて「ああ」っと思ったのは、「原発に関しては、絶対的に移住できないまま暮らしていく人たちが必ずいる」ということ。そういう意味では、保養キャンプは、まず移動できない人たちのためにあるんだなって思っています。移住を迷っている人たちも含めて……。

改めて、今までの公害の歴史を見たとき、被害を受けた人が何十年経っても検証されないままで来てしまっている。今度はそうじゃなくしたいって思っています。時間とともに人の意識は離れちゃうんだけど、私は見続けていこうって。

◆

3・11の直後、全国で一時保養のキャンプが行われたが、続けていく中で、存続を考え直している団体も多い。しかし、若者たちが始めた『ゴー！ゴー！ワクワクキャンプ』は、来年以降も長期の一時保養を続けようとしている。一度かかわってしまったらずっと続けたくなってしまう魅力がゴーワクにはある。何よりかかわった若者たち自身が、かかわる前とは違ってきている。それまで見過ごしてきた原発に象徴される社会の問題に、直接にふれたこと。そしてそれらの問題は、自分たちで解決していかなければと強く思っていること。生きるとはどういうことなのか？　それを問い直しながら、子どもたちを見守る若者たち。

こんな強くてしなやかな感性を持った若者と一緒に、3・11後の世界を生きていけるということは、とても嬉しいことだと思った。

ゴー！ゴー！ ワクワクキャンプ

連絡先

〒606-0025 京都府京都市左京区岩倉中町 568　丸静荘

ゴー！ゴー！ワクワクキャンプ事務局

事務局アドレス 55wakuwakucamp@gmail.com

報告書購入申し込み専用アドレス gowaku2012@yahoo.co.jp

blog

http://55wakuwaku.jugem.jp/

facebook ページ

https://www.facebook.com/55wakuwakucamp

カンパ振込先

郵便振替口座　00930−9−217334

加入者名　「ゴー！ゴー！ワクワクキャンプ」

参考資料

「ゴーワクのちから～ゴー！ゴー！ワクワクキャンプ 2011 報告書～」

「ゴーワクのちから～ゴー！ゴー！ワクワクキャンプ 2012 報告書～」

＊子どもの年齢は2011年3月11日当時です。

人と繋がる

Cさん（家族：夫・本人・子3人（うち小学生1・幼児2）／東京都から沖縄県へ移住）

東京での暮らしも仕事も捨てる覚悟で地縁のなかった沖縄に移住した。原発事故をにがい教訓に、〝環境にいい循環型社会を作りたい〟。精力的に地域と繋《つな》がる活動を続けるのは子どもに残す新しい未来のため。親として、振り返らずに前を向く日々だ。

突然の電話

Cさんに異変が訪れたのは東日本大震災の翌朝、3月12日。それは勤めている会社の社長からかかってきた一本の電話だった。猛烈な勢いで社長は言った。

「今すぐ西に逃げろ。会社のことは考えなくていいから、とにかく逃げろ」

あまりに突然のことに「え、なんで？　夫も仕事があるのですぐに逃げるわけにはいかない」と思った。しかし、その後も執拗に社長から連絡が入り、インターネットで何が起きているのか調べはじめた。そこには福島第一原発の事故が報道されているよりも深刻なのではないか、という情報がたくさんあった。迷いはあったが、3人の幼い子どもたちのことを考えると、避難する必要があるかもしれないと感じ、夫婦は急遽、一時避難のために車に乗り込んだ。

東京を出て数時間後、とあるパーキングで休憩していると、再び社長から電話があった。

「爆発したぞ、今」

1号機の爆発だった。そのときから、少しでも遠くへ逃げなければと、後ろは振り返らなかった。上司一家と合流し、10日間ほど沖縄県の宮古島に滞在。その後、石垣島の知人を頼りに、沖縄で3週間の避難生活を送った。

戻って感じた東京の違和感

春休みが終わるころ、今後どうするかを真剣に考えはじめていたCさんだが、残してきた両親や家のこと、学校のことなどがあるので東京に一時帰宅することにした。戻ってからは、洗濯物は室内に干し、子どもたちに被曝をさせないように雨が降れば車で迎えに行くという生活を送り、週末は長野へ保養に行っていた。そんな生活を、この先続けていくことへの疑問や不安がおさまらなかった。

「一番違和感があったのは、あれだけのことがあったのに、東京ではみんな普通に生活してて、まるで何事もなかったかのように淡々とすごしていたことです」

実際、東京では計画停電が行われ、物資も滞り、水道水からヨウ素やセシウムが検知されるという状況だった。だが、子どもたちが通う学校の先生からは「プールがもうすぐ始まりますよ」とお知らせがくる。日常会話では、セシウムや放射能という言葉はまったく使われず、人々は原発事故を記憶から無理やり、かき消してしまったようだった。

「水道水にはヨウ素やセシウムがあり、今後、流通する食べ物の放射性物質の汚染から、どうやって子どもを守っていけるのか、毎日夫婦で話し合うようになりました。子どもたちに、制約した生活を強いるよりも、少しでも普通の生活を送らせることができる場所に移るほうがいいのではないか？　他に選択肢はありませんでした」

夫婦の中で結論が出た後は、両親の説得、マンションの売却と一つずつこなしていった。積み上げたキャリアも都会の生活も夫婦にとってなんの価値もなくなり、子どもたちの健康と未来のために新しい生活を始めることになった。

新しい縁

縁もゆかりもない沖縄で、夫妻が居を構えたのは沖縄中部のうるま市。しばらくは失業手当や貯蓄を切り崩す生活が続き、夫は職業訓練校へ半年通い、妻は東日本に住む友人等のために沖縄の安全な野菜を1年間、毎週発送し続けていた。幸いなことに子どもたちは地元の学校や保育園になじむことができた。あとは、今後、どのような形で子どもたちを養っていくかを考える毎日だった。

Cさん夫妻が、もっとも重点を置いたのは地域の人たちと繋がること。

「家で食べるものは地元の農家や、できるだけ生産者の顔が見えるところで買うようにしました。小さな縁を一つずつ丁寧に大切にしていくうちに、どんどん人が人を繋げていってくれて、そこからいろいろなことが始まりました」

沖縄の経済状態は厳しい。地元で就職するということは容易ではなかった。でもその環境の中で、夫婦ができることをやるにはどうしたらいいかと考えていくうちに、デザイン事務所を本格的に立ち上げることにたどりついた。

「もともと夫がデザインの仕事を東京でしていたこともありますが、それよりも、自分たちの住む街をもっと知って、この街の住民が自分の住む街をもっと好きになれるような仕事をしたいという思いが強くなったんです。会社の立ち上げコンセプトは〝地域のためのデザイン〟でした」

フリーペーパーやポスターなどの製作を始めると、やがて、地域から少しずつ仕事を依頼されるようになった。地元と繋がろうと意識してきたことが、さまざまな縁を呼んでくれたのだ。

「まだまだ、細々ではありますが、なんとか仕事の環境も整ってきました。東京では、夫も私も別々の仕事で共働きをしていましたが、いまでは24時間パートナーとして常に対話をし、それを具現化していくこと。二人で働くことに手応えを感じています」

ティダノワ

2011年11月、Cさんはたまたま参加したワークショップで、新しい仲間と出会うことになる。

沖縄の北部やんばるで開かれたそのワークショップは、子どもの免疫力を高めるための酵素ジユースの作り方を学ぶ会で、放射性物質から子どもの健康を守りたいと考えるたくさんの母たちが参加していた。その多くは3・11以降に沖縄に移住してきた人たちで、その中にはミュージシャンのUAさんもいた。

「一人だけでは世の中を変えることも、何かをなげかけることもできない、何か一緒にできる仲間がほしい」

そう考えはじめるようになっていたCさんは、UAさんたちが立ち上げたばかりだった〝ティダノワ〟という新しいネットワークに参加することを決めた。〝ティダノワ〟の〝ティダ〟は沖縄の言葉で太陽の意味。〝ワ〟は輪。循環型社会をイメージして、子どもたちの食の安全を考えることを目的に始まったグループで、内部被曝についての勉強会を開いたり、免疫力を高めるためのレシピを紹介したりする活動をしていた。Cさんはすぐに参加して、広報担当としてさまざまな企画にかかわり始めた。

2012年3月11日、東日本大震災から1年後には、ティダノワの仲間たちと「ティダノワ祭」というイベントを開催した。3・11の犠牲者への鎮魂、そして新しい未来への種蒔きのための企画だった。来場者は3000人。UAさんをはじめアーティストが中心となって音楽を奏でる傍ら、沖縄の人たちに一人でも多く内部被曝の危険を知ってもらうために、『放射能と私たちのくらし』『チェルノブイリの子どもたちはいま』などをテーマにしたシンポジウムも開いた。

「祭りという名前がつけられていますが、楽しむための祭りというよりも、祈り、学び、歌い、そして、子どもを明るい未来に繋げるための集いでした」

Cさん夫妻は広報として、当日配布した冊子「tidanowa vol.0」を手がけた。坂本龍一さんをはじめ多くの著名人のメッセージや、内部被曝をテーマに、具体的に〝免疫力を高めるためのレシピ〟や〝放射性物質が移行しにくい食品の買い物リスト〟などを掲載し、子育て世代に向けた実用的なインフォメーションをわかりやすく参加者になげかける冊子になった。祭りが終わった後も、「tidanowa vol.1」の発行を引き続き担当している。

生活をかえていくチカラ

Cさん夫妻はティダノワだけにとどまらず、もっとたくさんの人々と繋がりたいと、2012年の夏からは〝トランジションおきなわ〟という別のグループにも参加しはじめた。もともとイギリスで始まった〝トランジションタウン〟というムーブメントがある。それは、石油や世界通貨に依存しないで、一人一人が力強く地域社会をつくりだそうという運動だった。それを3・11後に、地域ぐるみで変化をおこそうという活動に発展させ沖縄で立ち上げた団体が〝トランジションおきなわ〟だ。今ある生活を、少しでも循環型の生活へと〝トランジットする（移行する、乗り換える）〟ことを目標にしている。

「メンバーには、3・11以降の移住者だけではなく、沖縄の地元の方もたくさん参加しています。地域を変えようという試みには、より多くの人々のチカラが必要です。脱原発というとむずかしく感じるかもしれませんが、移住者と地域の方々が手をつないで始めること、その中で自分にできることもきっとあるはずなので……」

新しい未来を作るために

２０１２年11月。Ｃさん夫妻は、地域を変えるためのイベントを企画した。〝ティダノワ〟のメンバーと〝トランジションおきなわ〟のメンバーとの共催で行われたその企画は「電力の自給自足」がテーマ。未来のエネルギーを考えるドイツ映画「シェーナウの想い」の上映会と、新しい電力を考える藤野電力というグループを招いて沖縄の南部から北部まで縦断しながらの連続イベントだった。ティダノワ祭から半年が経ち、それぞれが蒔いた種が少しずつ芽を出しはじめていた。

映画「シェーナウの想い」の舞台は、ドイツ南西部、黒い森のなかにあるシェーナウ市。１９８６年のチェルノブイリ原発事故後、もう原発を使いたくないと思ったシェーナウの親たちが、子どもの未来を守るため自然エネルギーの電力会社を自ら作った実話だ。２００８年にドイツで製作されたこの映画は、３・11後の日本がもっとも希求しているテーマの映画だ。

そして、もう一つの〝藤野電力〟。電力といっても大きな電力の会社ではない。自分たちで電力を売っている会社でもない。神奈川県の藤野という小さな町の若い世代が中心になって作ったグループで、身近な素材で作れるソーラーパネルのワークショップを全国巡回している。参加費は一人約４万円。この価格でソーラーパネルを１枚、自分で制作し、持ち帰ることができる。電気は大きな電力会社にしか作れないと誤解している世の中の常識を変えるこのプロジェクトは全国から引っ張りだこだ。

手作りパネルをかかえて最高の笑顔！　未来を変える小さな一歩

「藤野電力の存在と、この映画を知ったとき、なんかすごくひらめくものがあって。どうしてもやりたいと思ったんです。二つに共通しているのは未来のエネルギー。それも、普通の人々が原発にノーを普通に言って、それで新しい世界を作れるということです」

Cさん夫妻は、この企画の趣旨を地元の自治体や企業に働きかけて、協力者になってもらった上で、沖縄県の助成金も利用して企画を実現させた。

イベントの直前、読谷村のFMに出演した夫妻は、リスナーに向かってこう呼びかけた。

「震災後、エネルギーのことを考えさせられる機会も多かったと思います。原子力発電、自然エネルギーなどと大きく構えると苦しくなるかもしれませんが、もし、太陽光が気軽に使えたら、特に台風の被害が深刻な沖縄では、電力会社からの送電が途絶えたときにも、太陽光発電のパネルは必ずみなさんの力になります。一緒に始めませんか？　新しい暮らしと、新しい絆を」

上映会は、前日のワークショップで作成したソーラーパネルの自然エネルギーだけで、プロジェクターの電力をまかない、その大きな可能性を肌で感じることができた。参加者は、プロジェクターにつながれたソーラーパネルをくいいるように見つめ、熱心に藤野電力のスタッフに質問をしていた。

イベント最終日、沖縄北部のやんばるの森で行われた藤野電力のワークショップには〝自分で電力を作りたい！〟と沖縄各地からの参加者が相次いだ。会場に所狭しと並べられたソーラーパネル。わずか3時間で説明から組み立てまでが完成。自分で作ったパネルと蓄電器に電球をつないで電気がついたとき、参加者の誰もが一様に驚きの声をあげた。

「こんなに簡単だと思わなかったです」

「これで携帯の充電やパソコンなど身近な電力をまかないます！」

パネルをかかえて喜ぶ参加者の片隅で、一番嬉しそうな顔をしていたのはCさん夫妻だったかもしれない。

沖縄での生活はまもなく2年になろうとしている。Cさん夫婦にとってもこの2年間の変化はあまりにめまぐるしい。仕事も、将来のことも不安なことはまだまだたくさんある。でも二人には一つ、心がけていることがある。

「いま、地球上で起きていることを考えれば、どこで生活するにも少なからずリスクがあると思うんです。それでも目の前にいる3人の子どもたちは、自分たちにとって希望以外の何ものでもない。起きてしまったことに嘆いている姿を見せるより、どう生き抜くかを見せていけば、子どもも自然に〝希望のヴィジョン〟が描けるようになるのではと思うんです。はかない希望かもしれませんけど、それを持ちながら生活していくことが、今の私たち夫婦にできることです」

二人は前を向いて生きることを決めている。

母たちの決断⑥

農の暮らしを求めて

大塚愛さん

（家族：夫・本人・子2人〈共に保育園〉／福島県から岡山県に移住）

＊子どもの年齢は2011年3月11日当時です。

自給自足、農の暮らし。それは大塚さんのあこがれだった。25歳のときに福島に移住。そこは思い描いた暮らしが実現できる場所だった。やがて家庭を持ち、夢を育んだ12年。ある日突然、そのすべてが破壊されてしまった。ここから何を始めていけるのか？迷いの中で、もがきながら懸命に生きていた。

理想の場所

「自給自足がしたい。自然な暮らしがしたい」という夢をもっていた大塚さんは、農業研修で福島県に住むことになった。ある農場で生活をしながら、初めて種を撒き、苗を育て、お米や野菜を作りはじめた。半年間の研修を終えた後、福島が好きになった大塚さんは、「もっと福島で暮らしたい」と思い、福島県川内村のはずれに住むことにした。

その場所はとてつもない山の中。電気もガスも水道も来ていなかった。でも、キレイな川が流れている広い谷間があって、自給自足をしながら人々が集まって暮らしていた。どうしてもそこに住みたかった大塚さんは、なんとその一角に自力で小屋を建ててしまった。山から丸太を持ってきて、廃材を集め、苦労を重ねて完成したのは畳3畳の小屋。そこに沢から水を引き、薪を集めて、初めての自給自足生活。若かった大塚さんは、夢に満ち満ちて挑戦を続けた。

「1年ぐらいして、福島の生活に慣れたころ、地元の大工さんと知り合ったんです。で、畑仕事のかたわら大工修行も始めました。4年目に横浜で設計士をしていた夫と結婚し、今度は二人で新居を建てたんです。この家は自分たちで言うのもなんですが、けっこう立派な家になりました。その後、息子と娘の子宝に恵まれて、一人で始めた山の暮らしは4人になりました。春は山菜を獲り、夏は川で泳ぎ、秋にはキノコを採り、冬には雪遊び。御飯は薪ストーブで炊き、お風呂は五右衛門風呂。都会から見たら何もない、山の中の素朴な暮らしですが、福島の自然の恵みを全身に受けながら、本当に楽しく暮らしていたんです」

なんだか聞きながら、おとぎ話のようだと思った。

大塚さんが福島で暮らしていたときの写真には、とにかく楽しそうな笑顔が詰まっていた。川で裸ん坊になって遊ぶ長男。薪のお風呂に入った子どもたちの笑顔はとびきりのものだった。冬には庭にかまくら。大塚さんと子どもたち二人の笑顔を写すファインダーのこちら側に、撮影した夫の笑顔も見えてくるようだった。なんと豊かで、なんと美しい暮らしなのか。

木々の木もれびも、鳥のさえずりも、何もかもが大塚さんの大好きな場所だったのだ。

苦々しい現実

庭には6枚のソーラーパネルがあった。

「電気が来ていないところだったので、自家発電をしていました。エアコンは使っていなかったですが、冷蔵庫や洗濯機は、晴れ、曇り、くらいの天気だったら、まったく問題なく全然不便もありませんでした」

原発がないと暮らせない、と、私たちは電力会社と政府から植えつけられていた。でも、ソーラーパネル6枚で、冷蔵庫や洗濯機まで使えるなら、本当にだまされていたなあと思った。このくらいの設備ならどこでも作れそうだ。逆に、原発のように高度な施設でないと企業は儲からない。だから、今まで推進されてこなかったのだろう。

理想の暮らしを満喫していた大塚さんだが、気になることが一つあった。

「住みはじめてすぐ、近くに原発があることに気がつきました。福島第一と福島第二、あわせて10基の原子炉。たまたま近所に、チェルノブイリの子どもたちの支援活動をしていた人がいて、本を借りました。たくさんの人が家を追われたり、病気になったり、子どもが亡くなったり、とにかく大変なことが起きたんだって。福島でそんなことが起きたらどうしようっていう不安が、いつも心の隅にあるような状態でした」

不安を、公に口にするのはなんとなくはばかられる雰囲気があった。川内村もいわゆる原発城下町の一つ。事故の心配や放射性廃棄物のことは、それがたとえ事実であっても、口にした瞬間に、原発で働く人のことまで否定すると受けとめられる。重たい空気を感じていた。

ただし、本当に仲良くなった地元の人とそのことについて話してみると、恩恵だけを感じているわけではなかった。仕事中に知らずに被曝して、亡くなる人は少なくなかった。知り合いの中にも、50代のすこぶる元気だった人が突然倒れて1ヶ月で急性白血病で亡くなってしまったり、息子さんを白血病で亡くした老夫婦もいた。二人とも、原発の中に入る仕事をしていた。

理想郷のすぐ近くにある、苦々しい現実。

大塚さんがソーラーパネルで生活しているすぐ横で、隣人たちは、被曝しながら電気を作っていた。大都市の生活をささえるために。

最後の稲刈り　最後の晩餐

もっとも悲しかったのは、最後の年の稲刈りの写真だった。

「これは2010年の稲刈りです。うちは機械は使わずに手で刈ってるので、毎年大工の親方のご夫婦だとか、近くの友達が手伝いに来てくれてました。残念ながら、私が福島でできた最後の稲刈りになってしまって。思い出すとなつかしくって本当に楽しかった。でも、今はもうここに稲を植えることができないし、写真に写ってる人たちは、避難してばらばらになっています」

12年かけて築いた夢の暮らしに終止符が打たれたのは、2011年3月11日のことだ。

地震は巨大で、村内にも大きな被害が出たが、大塚さんの家ではコップが割れた程度だった。幸い、電気も自給自足、煮炊きも薪ストーブなのでライフラインが立たれることはなかった。家族の無事が確認できたあと、大塚さんは夕食の準備を始めた。それが、その家で食べる最後の晩餐になるとは、夢にも思わなかった。

帰ってきた夫が、しきりに原発の心配を始めた。ニュースで原発の冷却水が止まっているといっている。そして、夜になって、最初の避難勧告が出た。半径3キロの人々は強制避難。今まで原発はさまざまな事故を繰り返してきたけれど、実際に避難勧告が出たのは初めてだった。

夫は決心して、大塚さんに向かって語りかけた。

「大変だ、これはもう避難しなければ。今晩はここにいては危ない」

急遽、家にあった食料や飲み物をかき集め、かばんに着がえと子どもの絵本を入れた。車の後部座席に布団をしいてパジャマ姿の子どもたちをのせた。

大塚さんは、準備をしながら心の中で繰り返していた。

「とりあえずなんだ、とりあえずなんだ」

そう言いながらも、気がつけば車に入りきらないほどたくさん、子どものものを詰めようとしている自分がいた。息子がそんな大塚さんをみて無邪気に聞いた。

「お母さん、2~3日なんでしょ? なんでそんなに詰めるの?」

もしかしたら、もう、戻れないのではないか? そんな気持ちが無意識に、そうさせていた。

夜10時、家族とともに、12年間育んだ理想郷、福島の愛しい我が家を後にした。

翌3月12日。原発から100キロ以上はなれた会津若松の町で、もっと遠くへ避難すべきか迷っていたとき、一番初めの爆発が起こった。

「昨日まで私が暮らしていたあの場所に、あの村に、放射能がふってくるということが本当に起

福島で最後の稲刈り。おなじ笑顔で再び集う日は遠い

こってしまったんだ。12年間、自分の中で、この世の中で一番、起こってほしくないと思ってたことが、本当に起こってしまったんだ。悲しくて悲しくて、しばらく路地裏で泣いていました」

もう本当に戻れないのだと、大塚さんはあきらめるしかなかった。

このままさまよっていても仕方ない。もうろうとした頭で、実家の岡山をめざし、車で走り続けた。無事に岡山に着いたとき、とにかくほっとした自分がいた。と同時に、まったく別世界にきてしまったような気持ちになった。

つい二日前までは、福島が自分の生きる場所だと思っていたのに。

もう、二度と住むことはできないのだろうか。

チェルノブイリの本で読んだ、住む場所を追われた人々。自分がその立場になってしまったこと、悔やんでも悔やんでも悔やみきれない。怒りと悲しみでいっぱいになった。

私だからできること

事故から2ヶ月後。大塚さんは一度だけ、自宅に帰った。手には放射能の測定器、マスクもして放射能のことを気にしながら向かったが、実際の福島の景色は何も変わっていなかった。5月の中旬は遅い春。自宅の周りの山は芽吹き、山桜が咲いていて、川ではうぐいすが鳴いていた。水が入った田んぼにはカエル。去年と何も変わらない、美しい春がそこにあった。

でも測定器で自宅の庭の土を測ると、数値は毎時0・8マイクロシーベルト。国の基準で放射能管理区域を超える。本来18歳未満の子が入ってはいけない場所だ。長年作ってきた畑の土からも、高い数値が出た。特に、雨どいの下は毎時10マイクロシーベルト。絶望的な数値だ。

景色は変わっていないのに、大塚さんの理想郷は、何もかも変わり果ててしまっていた。

「10年過ぎて、畑の土は本当に良くなってきていたんです。それなのに……。もし、誰かが魔法をかけて3・11以前に戻れるんだったらね、喜んで、農業をあそこでもう一度したいけど（涙）、もうできないです。子どもがいなかったら決断が違ったけど、何度も何度も帰ることをイメージしていくんだけど、そこで作る野菜を子どもに食べさせていいのか？　どろんこ遊びさせていいのか？を、考えたところでストップしてしまう。本当は帰りたいという気持ちを押さえて、今はそれぞれの選択で生きるしかないんだと思っています」

悲しみの中、生活再開のイメージがまったくわかずに迎えた4月、大塚さんは福島の深刻な汚染状況を知った。通学路で放射能にさらされながら生活を再開した子どもたち。なんとか一時的でもいいから岡山に疎開させられないだろうか。自分は岡山で生まれて、福島を愛して、そして今、岡山に戻った。その自分ができることは、福島と岡山を繋ぐことだ。

それまで携帯電話も通じない山の中で暮らしていた大塚さんは、支援団体を立ち上げて、各地で自分の体験を語り、支援をしてくれる人や団体を募りはじめた。グループの名前は「子ども未来・愛ネットワーク」。

夏には福島県からの一時保養の受け入れ。そして、東日本から長期避難の希望者をささえる活動も始めた。実は、福島から来た人には自治体の支援があったが、福島県からはずれると支援はない。そういう人が借りられる家の情報を集め、二重生活の負担を軽くするために家財道具や子ども用品の提供を求めた。あとは、不安な思いをしている人々が交流できる場が必要だと感じて、交流会を開くようにした。

まさに、東奔西走。自分自身も被災者であるが、その上で、自分だからこそできることを生かして走り続けている。

新しい実りのとき

1年間、支援活動に打ち込んだ大塚さんは、自分自身の人生を前に進める決心をした。

２０１２年晩秋。新しく借りた田んぼでは稲がたわわに実っていた。最後の稲刈りから2年。収穫には、新しい仲間がたくさん手伝いにきていた。ほとんどが稲刈りは初体験。慣れない手つきで田んぼに足をとられながら、大塚さんの指導のもと、秋の一日を楽しんだ。

昼食時、持ち寄ったおかずを食べながら宴を囲む人々。福島、宮城、千葉、茨城、東京。みな3・11前には見ず知らずの他人だったが、今はここで一緒に生きている。

「千葉で家を建てた二日後に、震災に遭いました。ホットスポットだったので、本当に迷いましたが、紆余曲折あって岡山に越してきました」

「私は、母子避難ですけど、大塚さんがいたから岡山に決めたんです。ものすごく迷っているときに、相談の電話をしたら快く応じてくれて、この人のいるところだったら大丈夫だって」

ずいぶん、たくさんの人の人生が変わってしまったんだと、改めて思わされる瞬間だった。大塚さんは来年、畑を少し広げるつもりだ。福島で12年かけて創った暮らしとまったくおなじとはいかないが、ここでも農の暮らしを続けたい。それが、あの日、運命が変わってしまった彼女が変えたくないと考えている大切な生き方だ。

2012年の冬。大塚さんは、行政の用意した集合住宅を出て、畑の近くに借りた古い民家に引っ越す準備に追われていた。私が訪ねた日は、家族4人で壁塗りの日。小学1年生の長男に、丁寧に壁の塗り方を教える大塚さん。

「あのさ、はじっこはこうやって、こうやってさ」

つたない手つきで、壁を塗る長男の目つきは真剣。初めはぐちゃぐちゃだった塗り方がやがて少しずつそろってきて、お母さんの真似をしながら一生懸命塗る後ろ姿に、思わず目頭が熱くなった。

この子たちは、きっとこの新しい家で育っていくのだ。自分の育つ家を自分で創る。子どもの心にはかけがえのない宝物になるはずだ。

壁を塗りながら、大塚さんはこうつぶやいた。

「いまでも、自分の家って考えると、福島のあの家が浮かんでくるんです。夫と建てたあの家が。でも、福島の家に注いだのとおなじ愛情を、この新しい場所に注ごうと思います。岡山の家の奥にはきっと福島のあの家があるんです。だから、もう一度みんなでここから……」

大塚さん一家が体験したことは、尋常ではない悲惨な出来事だ。

でも、家族で力を合わせて壁を塗る大塚さん一家の横顔を見ながら、福島の写真に写っていたあの笑顔が、新しいこの場所で続いていくことを祈らずにはいられなかった。

沖縄・球美の里

一時保養に行こう

「一時保養」とは、一時的にでも放射能汚染地を離れ、
外部被曝・内部被曝を避けることで、体を休めて免疫力を回復するという取り組みです。
チェルノブイリでも、子どもたちが1年間に30〜40日、
定期的に安全な地で暮らすことで、身体が回復したとの例が報告されています。
短期間でも、心と身体をリフレッシュする時間を持つことはとても大事。
全国でも、放射線に対して感度が高い子どもの受け入れを中心に、
少しでも安心な場所ですごしてほしいと多くの団体が一時保養、
一時疎開プロジェクトを展開しています。

●東北・秋田

1000人でささえる子ども保養プロジェクト

シェアハウスおおだて　すくすくの木

http://hoyouinakita.blog.fc2.com/

対象地域　福島県、東北地方、関東地方

対象　基本的に親子ですが、応相談。

〒017-0876 秋田県大館市餅田字前田7−4

TEL：0186・43・6165（柴田）

Eメール：hoyouinakita@gmail.com（鈴木）

放射能汚染焼却灰受け入れ問題をきっかけに、地元のお母さんたちが集まってできた団体「セシウム反対・母の会」が立ち上げたプロジェクト。2012年夏から、最大３家族まで受け入れ可能のシェアハウスを運営しています。東北・秋田での保養は、移動費用や移動時間の面などで利点も。短期〜長期どちらも対応可能なので週末を利用して滞在することもできます。一階には市民放射能測定室も併設。

●中部・新潟

福島サポートネット佐渡

http://saponet-sado.jugem.jp/

対象地域　福島県、近県の高放射線地域（宮城、栃木、茨城、群馬、埼玉、千葉など）

対象　保養プランによって異なるのでＨＰで確認のうえ、電話でお問い合わせを。

〒952-1213 新潟県佐渡市平清水 826-5（事務局）

TEL：090・6625・4022（原田）

E メール：saponet.sado@gmail.com

新潟県・佐渡島で、福島県はじめ近県の高放射線地域で暮らす人への保養支援を行ってきた市民団体です。2012 年秋より古民家を再利用した保養センター「佐渡へっついの家」の運営を始めました。2013 年秋以降は、常時受け入れ可能な体制を整えていく予定。

●関西・滋賀

東日本大震災支援プロジェクト

びわこ☆1・2・3キャンプ

http://www3.hp-ez.com/hp/biwako123/

対象地域　福島県、東北地方、関東地方

対象　小中学生・乳幼児・および保護者（応相談）

TEL：077・586・0623　FAX：077・586・1403

E メール：kurashi2005@mail.goo.ne.jp（暮らしを考える会）

琵琶湖を有する滋賀県で、大家族の中ですごしているようなアットホームなキャンプです。安心安全なおいしいご飯が自慢。被災地で暮らす子どもたちのためにできることはなんでもしたい！という想いのスタッフたちが運営。宿泊場所は、時期によって変動。

●関西・大阪

復興支援 NGO 心援隊《しんえんたい》

http://www.shinentai.net/

対象地域　福島県および近県の放射能への不安をかかえる地域

対象　子どもおよび保護者

〒532-0011 大阪府大阪市淀川区

西中島 4-4-25　フルーレ新大阪 409 号

TEL：06・6476・9050　FAX：06・6476・9051

E メール：info@shinentai.net

「放射能から子どもたちの命を守る」ことを目的に、疎開・保養プロジェクトを行う支援団体です。「保養」は避難・移住への第一歩として、その後のサポートもしています。

●中国・広島

子ども・みらい・ヒロシマ

http://childfuture.blog.fc2.com/

対象地域　福島県および放射能への不安をかかえる地域

対象　子ども、妊婦さんのいる家族

TEL：084・273・3469／090・2860・4487（金杉）

E メール：kanasugi@orange.ocn.ne.jp

福島第一原発事故後、広島県に避難してきた人たちと地元サポーターで行っている保養プロジェクトです。夏休みや冬休みなどを利用したショートステイに参加して、実際に移住した家族も。交流会や移住サポートなども行っています。

　※情報は 2013 年 4 月現在のものです

●四国・徳島

放射能から子どもを守る共同生活スペース

ひわさの家

http://www.kodomotati.com/

対象地域　福島県、東北地方、関東地方

対象　妊婦、母子

〒779-2305 徳島県海部郡美波町 奥河内字寺前 113 － 1　施設名称『友愛荘』

TEL：090・8692・5330（向井）

E メール：hiwasanoie@mail.goo.ne.jp

四国八十八ヶ所『23 番札所 薬王寺』のたもとにある旧ユースホステルで、母と子どもの疎開・保養の受け入れをしています。食事はワイワイとみんなで作るスタイル。すぐ近くには海や川もあり、自然の中でのびのびとすごせます。

●沖縄・久米島

NPO法人　沖縄・球美《くみ》の里

http://kuminosato.net/

対象地域　福島県を中心に実施。周囲の線量の高い地域も受け入れ検討中。

対象　中学校低学年ぐらいまで

（未就学児は母親同伴。子どものみ無料。保護者は交通費のみ自費）

「沖縄・球美の里」いわき事務局（保養の応募方法・募集期間についての問合せ）

TEL・FAX：0246・92・2526　E メール：tarachine@bz04.plala.or.jp

フォトジャーナリストの広河隆一の呼びかけによって、福島の子どもたちの健康回復のための保養センターが 2012 年 7 月に沖縄県久米島に設立されました。映画監督の山田洋次、宮崎駿、石井竜也など多くの著名人や団体も賛同しています。2013 年 2 月までに子どもと保護者を約 400 人受け入れ、久米島の大自然の中でゆったりとすごす機会を作ってきました。通年受け入れている施設は、現在ここだけ。今後は、学校のクラス単位で移動する「移動授業」のような形も計画。

●その他、全国の保養情報や支援団体を調べるのに役立つサイト

全国保養情報データベース

ほよ〜ん相談会

http://hoyou.isshin.cc/

母子疎開支援ネットワーク

hahako

http://hahako-net.jimdo.com/

東日本大震災支援

全国ネットワーク（JCN）

http://www.jpn-civil.net/

市民放射能測定所を利用しよう

原発事故後の日本では、長期にわたって放射能と向き合って暮らしていかなければなりません。
食品の摂取による内部被曝が、被曝の大部分を占めているとの報告もあり、
食品の放射能汚染を知ることが重要です。国や行政任せではなく、自分たちの手で安全な
食べものを作りたい、食べたいという想いから、市民放射能測定所が全国に次々と開設されています。

●北海道・札幌

はかーる・さっぽろ

http://yaplog.jp/sapporosokutei/

測定器　ATOMTEX 社製　AT1320A

料金　1検体：3000 円

〒 062-0034 札幌市豊平区西岡 4 条 10 丁目 7-2 コミュニティーカフェ Balo 内

TEL：090・7055・6729（富塚）※必ず電話によるご予約を。

「市民放射能測定室を札幌に作る会」が前身となり 2012 年 5 月にキックオフ。複数名で測定の様子を見ながらおしゃべりする企画「わいわい測定会」も開催中。

●東北・宮城

みんなの放射線測定室　てとてと

http://sokuteimiyagi.blog.fc2.com/

測定器　① ATOMTEX 社製 AT1320A ／② AT 1125（土壌・薪灰用）／③EMFジャパン社製　EMF 211 型ガンマスペクトルメータ

料金　AT1320A による 30 分測定・1検体：1000 円／EMF 211 による 1 時間測定・1検体：2000 円

〒 989-1241 宮城県柴田郡大河原町字町 200

TEL・FAX：0224・86・3135　Eメール：sokuteimiyagi@kni.biglobe.ne.jp

宮城県南部で有機農業を営んでいた生産者たちが中心となって立ち上げた測定室。2012 年 10 月には 3 台目の測定器を導入、より精度の高い測定を目指しています。毎週土曜日には産直市「てと市」を開催し、野菜、米、平飼い卵などを測定結果のデータ付きで販売。生産者と消費者が、手と手をつないで自分たちの未来を守っていく、そんな願いが測定所の名前にこめられています。

●東北・福島

CRMS 市民放射能測定所 福島

http://crms-fukushima.blogspot.jp/

測定器　① ATOMTEX 社製 AT1320A ／② PGT 社製 NIGC16190SD

料金　① AT1320A による 30 分測定・1検体：1500 円／② PGT 社製 NIGC16190SD・1検体：4000 円〜（測定時間により変動）　**ホールボディカウンター**　福島県内の 20 歳未満・妊婦の方は原則無料

〒 960-8034 福島県福島市置賜町 8-8　パセナカ Misse 1F

TEL：024・573・5697 FAX：024・573・5698 Eメール：info@crms-jpn.com

食品の測定以外に、ホールボディカウンター（WBC）による体内残留放射能量の測定をしています。ホールボディカウンターは小学生以上が対象。現在 CRMS のネットワークで提携している測定所は、福島県内に 9 ヶ所、東京都（世田谷）を含め合計 10 ヶ所。

　※情報は 2013 年 4 月現在のものです

●関東・栃木

市民計測所　NPO法人 那須希望の砦

http://nasu-toride.org/servicesyoku.html

測定器　ATOMTEX 社製　AT1320A　**料金**　1検体：2000 円（特別賛助会員は 1000 円）

〒325-0303 栃木県那須町高久乙 796 − 234

TEL：0287・78・4890 ／ 080・6051・6424（大笹）　Eメール：info@nasu-toride.org

原発事故を受けて市民が立ち上げた「那須を希望の砦にしよう！」プロジェクトの一つ。

●関東・東京

放射能市民測定所　オーロラ

http://www.aurora2001.com/

測定器　ATOMTEX 社製　AT1320A　**料金**　1 検体：1980 円

〒197-0014 東京都福生市福生二宮 2477　TEL：042・530・1001　Eメール：info@aurora2001.com

自然派洋食レストラン「木を植えるレストラン オーロラ」に併設された市民測定所。
レストランでは全メニューを測定し、測定限界値未満の食材のみ提供。

●中部・静岡

放射能測定室　てぃーだ

http://www.kon-tida.net/

測定器　EMFジャパン社製　EMF 211 型ガンマスペクトルメータ

料金　1検体：一般 5250 円／会員 3150 円　データベース会員料金：1ヶ月 2100 円

〒432-8002 静岡県浜松市中区富塚町 2259-10　TEL：053・571・5227　Eメール：info@kon-tida.net

全国測定メンバーの協力のもと「会員制・安心食材データベース」を作成。PC やスマートフォンで簡単に検索できるので、買い物する時に便利との声も。

●関西・京都

京都・市民放射能測定所

http://nukecheck.namaste.jp/

測定器　ATOMTEX 社製　AT1320A　**料金**　1 検体：一般 5000 円／会員 2000 円

〒612-8082 京都府京都市伏見区両替町 9 丁目 254　北川コンサイスビル 203 号

TEL・FAX：075・622・9870　Eメール：shimin_sokutei@yahoo.co.jp

避難者と支援者のネットワークが母体となって 2012 年 5 月に開設、関西初の市民測定所。翌年2月には四条烏丸測定室もオープンしました。

●中国・岡山

せとうち市民放射能測定所

http://setouchi-lab.org/

測定器　ATOMTEX 社製　AT1320A　**料金**　1検体：2500 円　車出張費：6 時間 2 万円

〒709-3122 岡山県岡山市北区建部町吉田 36-2-208

TEL：080・1805・3808（大塚）　Eメール：info@setouchi-lab.org

福島県から岡山県に避難してきた夫婦が立ち上げた団体「子ども未来・愛ネットワーク」（http://kodomomirai.org/index.html）から派生してできた測定所です。車に放射能測定器を搭載しているので、駐車スペースさえあればどこにでも出張できます。月に 20 ～ 30 品目の測定を公表し、食の安全性を確保しながら、無用な風評被害を防いでいくことも目的の一つ。現在は定期的に香川県高松市、広島県福山市にも出張しています。

●その他、全国の保養情報や支援団体を調べるのに役立つサイト

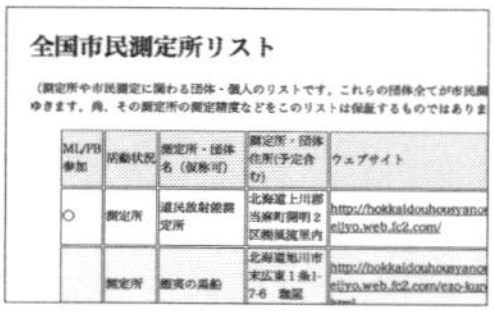

全国市民測定所リスト

http://shimin-sokutei.net/list/all.html

本・放射能についてもっと知ろう

原発、いのち、日本人

集英社新書／出版社・集英社／定価・756円

カタログハウス「通販生活」の読み物、「今週の原発」をボリュームアップして再構成。ジャーナリスト今井一が浅田次郎、藤原新也、谷川俊太郎など9名の文化人にインタビュー、これからの日本についてそれぞれの熱い想いを収録。

わが子からはじまる 食べものと放射能のはなし 著者安田節子

クレヨンハウス・ブックレット 002／出版社・クレヨンハウス／定価・525円

放射能や内部被曝のことが、わかりやすくシンプルにまとめられているブックレット。すぐに実践できるアドバイスがたくさん詰まっています。同シリーズ『原子力と原発きほんのき』『小児科医が診た放射能と子どもたち』もおすすめ。

自分と子どもを放射能から守るには 著者ウラジーミル・バベンコ

出版社・世界文化社／定価・840円

チェルノブイリ原発事故によって汚染された地域に住む人々のために2003年刊行された本の日本語版。知って、食べて、賢く生き抜く術が、かわいいイラスト入りで紹介されています。

内部被曝 著者矢ヶ崎克馬・守田敏也

岩波ブックレット／出版社・岩波書店／定価・588円

内部被曝とは何か、なぜ内部被曝は過小評価されているのか、という疑問に科学的根拠とその背景にある問題を示しながらわかりやすく丁寧に解説しています。放射能時代を前向きにどう生き抜いていくかについての提言も。

安全な食べ物を選ぼう

**放射能検査済みの食材を扱っている宅配便を利用するのも、食べ物を選ぶ手段の一つ。
心配な食材のみピンポイントで利用することもできます。**

■国際環境NGO グリーンピース　http://www.greenpeace.org/japan/ja/

大手スーパーマーケットで売られている魚介類の抜き打ち調査を行いHPで公開しています。

■定期食品宅配サービス おいしっくす(oisix)　http://www.oisix.com/

TEL：0120・366・016（受付時間 10：00～17：00）宅配可能地域：全国
放射性物質の不検出確認ずみの乳幼児用商品なども扱っています。

■安全な食べものネットワーク オルター　http://alter.gr.jp/

TEL：0120・061・076／0721・70・2266（受付時間　月～金 9：00～12：30、13：00～18：30）
宅配可能地域：全国（配送エリア外は宅配便で対応）

■らでぃっしゅぼーや　http://www.radishbo-ya.co.jp/

TEL：0120・831・375（受付時間　月～土　9：00～18：00）
宅配可能地域：全国（配送エリア外は宅配便で対応）

■大地を守る会　http://www.daichi.or.jp/

TEL：0120・158・183（受付時間　月～土　9：00～18：00）
宅配可能地域：全国（配送エリア外は宅配便で対応）

　※情報は2013年4月現在のものです

あとがき

出産後、私は、福島と原発をテーマにした新作ドキュメンタリー映画に取りかかるために、中断していた取材を再開した。その中で出会ったのは、40組の避難家族。東北各地、関東各地から、さまざまな事情で西日本以西に移住を決めていた。

母子だけで来た人、身重の体で移住した人、夫から強い反対を受けながらも移住を決めた人、なかには海外に移住してしまった家族もいた。事情はさまざまだが、決して裕福な人だけが移住してきているわけではない。仕事がままならなくてもとにかく、子どもを守りたいその一心で移住してきた人が多い。

ほかにも、休みの度に幼い子どもを連れて一時保養に繰り返し訪れている若い母親もいたし、どうしても地元に戻らざるをえなくなって、苦渋の思いで東北や北関東に帰った人もいた。

誰のどの選択が正しかったかは、今はまだわからない。そして、放射性物質が子どもたちに与える影響についても、絶対にこうだということは誰も断言できない。

唯一、わかっているのは、チェルノブイリのときに、事故の5年後くらいから放射性ヨウ素が原因と思われる甲状腺がんが子どもたちに多発したこと。また、チェルノブイリの事故が原因と疑われる心臓疾患や白血病、さまざまな内臓の病気が、ロシア、ウクライナ、ベラルーシなど近隣のいくつかの地域で多発しているということだ。

東京電力は3・11から2ヶ月後の5月に入って、やっとメルトダウンの事実を認めた。チェルノブイリの事故と同じレベル８の事故であったことを認めたのもずっと後になってからだ。今、東京電力や政府が『安全だ』としているすべてのことが、あとになって訂正される可能性は高い。そうであれば、私たち母親は、どこのどんな場所に住んでいようとも、その場所で最善を尽くして、子どもの健康を守りたいと思っている。自分の命に代えても、というのが、取材させていただいたすべての母親に共通した思いだった。

私自身、時折、４号機が倒れて放射性物質が巻き散らかされる夢を見ることがある。目が覚めて、夢だったことを確かめて、となりで無邪気に寝ている息子を抱きしめる。現実には、覚めない悪夢の中で私たちは生き続けてゆかねばならないのだ。

３・11を境に、変わってしまった日常のすべて。新しい日常を生きる母と子の記録は今後も続けていくことになるだろう。多分、一生をかけて。

末筆ながら、取材にご協力くださった福島のみなさん、避難母子のみなさん、本当にありがとうございました。

また映画のプロデューサーとして私をささえ本の執筆にも協力してくれた向井麻理さん、事故直後の危険な現場に一緒につっこんでくれた南カメラマン、河合さん、森さん、助監督の富賀見さん、そして夫と息子。心から感謝しています。

２０１３年７月　ドキュメンタリー映画監督　海南友子

海南友子（かな・ともこ）**ドキュメンタリー映画監督**
1971年 東京都出身。19歳の時、是枝裕和氏のテレビドキュメンタリーに出演し映像の世界へ。ＮＨＫ報道ディレクターを経て独立。初監督作品は『マルディエム 彼女の人生に起きたこと』(01)。『にがい涙の大地から』(04)で、黒田清・日本ジャーナリスト会議新人賞受賞。劇映画シナリオ「川べりのふたり（仮）」(07)で、サンダンスＮＨＫ国際映像作家賞を受賞。09年『ビューティフルアイランズ ～気候変動 沈む 島の記憶～』（エグゼクティブプロデューサー：是枝裕和）は、プサン国際映画祭アジア映画基金AND賞を受賞後、日米韓で公開。12年『いわさきちひろ～２７歳の旅立ち～』（エグゼクティブプロデューサー・山田洋次）。11年、東日本大震災後の福島第一原発４キロまで赴き撮影。その直後に妊娠し、出産。自身の出産と放射能をテーマにした新作『あの日から　変わってしまった　この空の下で』が2014年公開。

子どもの未来社＊ブックレット No.002

あなたを守りたい ～3・11と母子避難～

発行日	2013年8月17日　初版第1刷印刷 2013年8月17日　初版第1刷発行
著者	海南友子
企画・編集	北川直実（オフィスY＆K）
ブックデザイン・DTP	m9design.inc
印刷・製本	シナノ印刷㈱
発行者	奥川　隆
発行所	子どもの未来社 〒102-0071 東京都千代田区富士見2-3-2 福山ビル202 TEL03（3511）7433　FAX03（3511）7434 振替　00150-1-553485 E-mail:co-mirai@f8.dion.ne.jp http://www.ab.auone-net.jp/~co-mirai ISBN978-4-86412-045-6 C0036 Ⓒ Tomoko Kana 2013 Printed in japan